S. B. Surendra Prasad
K. Krishna Reddy

Um estudo sobre o eclipse solar e a sua influência nas variáveis meteorológicas

S. B. Surendra Prasad
K. Krishna Reddy

Um estudo sobre o eclipse solar e a sua influência nas variáveis meteorológicas

Imprint

Any brand names and product names mentioned in this book are subject to trademark, brand or patent protection and are trademarks or registered trademarks of their respective holders. The use of brand names, product names, common names, trade names, product descriptions etc. even without a particular marking in this work is in no way to be construed to mean that such names may be regarded as unrestricted in respect of trademark and brand protection legislation and could thus be used by anyone.

Cover image: www.ingimage.com

This book is a translation from the original published under ISBN 978-3-659-91942-8.

Publisher:
Sciencia Scripts
is a trademark of
Dodo Books Indian Ocean Ltd. and OmniScriptum S.R.L publishing group

120 High Road, East Finchley, London, N2 9ED, United Kingdom
Str. Armeneasca 28/1, office 1, Chisinau MD-2012, Republic of Moldova, Europe
Managing Directors: Ieva Konstantinova, Victoria Ursu
info@omniscriptum.com

Printed at: see last page
ISBN: 978-620-2-76851-1

Índice

Prefácio

O Eclipse Solar (doravante SE) ocorre pelo menos duas, até cinco vezes por ano; no máximo, dois deles são eclipses solares totais. O SE constitui uma ocasião rara e uma experiência natural para investigar as alterações espontâneas que ocorrem nos vários processos físicos e químicos atmosféricos quando o disco solar é encoberto pela Lua durante um período mais curto. Um SE constitui uma perturbação rápida, profunda e generalizada da radiação solar recebida pela superfície da Terra e pela sua atmosfera. O efeito do eclipse nos parâmetros atmosféricos constitui uma ferramenta para investigar a dependência destes parâmetros da radiação solar. Muitos investigadores têm investigado parâmetros atmosféricos como a temperatura, a humidade e os aerossóis atmosféricos durante diferentes eclipses solares que ocorrem em diferentes partes do mundo. Apesar do grande número de estudos sobre eclipses, o acontecimento de um eclipse solar é sempre único, uma vez que ocorre em diferentes estações do ano, a diferentes horas do dia, em diferentes locais e sob diferentes condições sinópticas. No presente estudo, relatamos as observações de cinco eventos celestes: três (1 de agosto de 2008, 22 de julho de 2009 e 11 de julho de 2010) são eclipses solares totais e os restantes dois (15 de janeiro de 2010 e 12 de maio de 2012) são eclipses solares anulares. Para compreender o comportamento dos cinco eventos de eclipse solar, é dada ênfase à compreensão da resposta da atmosfera à mudança abrupta da radiação solar através de parâmetros meteorológicos de superfície (tais como temperatura, velocidade, direção e força do vento, humidade e nebulosidade), físicos e químicos (ozono) e dos sinais encontrados na ionosfera e na estratosfera.

Capítulo 1

1.1 Eclipse solar

Um **eclipse** do Sol (ou eclipse solar) só pode ocorrer na Lua nova, quando a Lua passa entre a Terra e o Sol. **Se** a sombra **da** Lua cair sobre a superfície da Terra nessa altura, vemos uma parte do disco do Sol coberta pela Lua. Como a Lua nova ocorre a cada 29 dias e meio, só temos um eclipse solar uma vez por mês. Devido ao facto de a órbita da Lua em torno da Terra estar inclinada 5^0 em relação à órbita da Terra em torno do Sol. Como **resultado**, a sombra da Lua normalmente **não atinge a** Terra quando passa acima ou **abaixo do** nosso planeta na fase de Lua Nova. Duas vezes por ano, a geometria alinha-se corretamente de modo a que uma parte da sombra da Lua incida na superfície da Terra e um eclipse solar seja visto dessa região.

Figura 1.1 Geometria do Sol, da Terra e da Lua durante um eclipse do Sol (**Cortesia www.mreclipse.com**).

A sombra da lua cai sobre a Terra durante **o** eclipse de duas formas

> Umbra

> Penumbra

A umbra é parte da sombra, onde toda a luz **solar** é completamente bloqueada e assume a forma de um cone escuro e fino. Em segundo lugar, *a penumbra, que está* rodeada pela umbra, é uma sombra mais clara e em forma de funil da luz solar que é parcialmente obscurecida, como mostra a Figura 1.2.

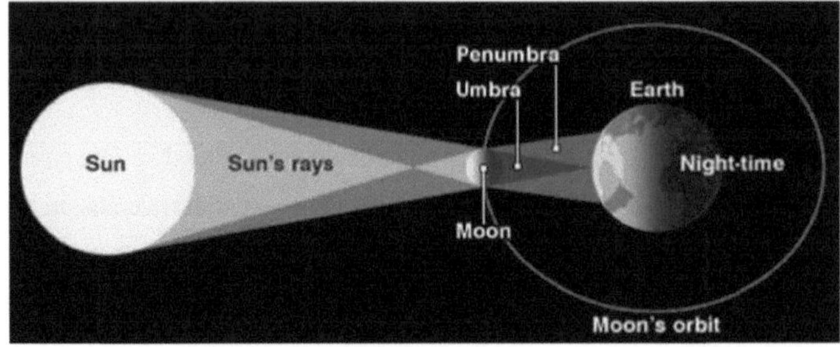

Figura 1.2 Trajeto da totalidade no eclipse solar total com a região umbra e a região penumbra (Cortesia: http://www.mail.colonial.net/).

Dependendo das sombras da umbra e da penumbra que caem na superfície da Terra durante

o eclipse divide-se ainda em quatro tipos de eclipses

❖ Eclipse solar total

❖ Eclipse solar **anular**

❖ Eclipse solar **parcial**

❖ Eclipse solar híbrido

Na subsecção seguinte é apresentada uma breve descrição destes quatro tipos de **eclipses**.

1.1.2 Eclipse solar total

Se a sombra interior ou umbral da Lua varrer a superfície da Terra, então assiste-se a um eclipse total do Sol. O trajeto da sombra umbral da Lua através da Terra é designado por Trajeto de Totalidade. Tem normalmente 10 000 quilómetros de comprimento mas apenas cerca de 100 quilómetros de largura. Cobre uma pequena percentagem da **superfície** total da Terra. A **trajetória** de um eclipse total pode atravessar qualquer parte da Terra. Até mesmo os pólos norte e sul têm um eclipse total. Todos os anos ocorrem um ou dois eclipses solares totais. Durante o período de eclipse total, **vemos** um trajeto muito estreito, é uma oportunidade muito rara de o ver a partir de um único local e temos de esperar 375 anos para ver o eclipse solar total no mesmo local.

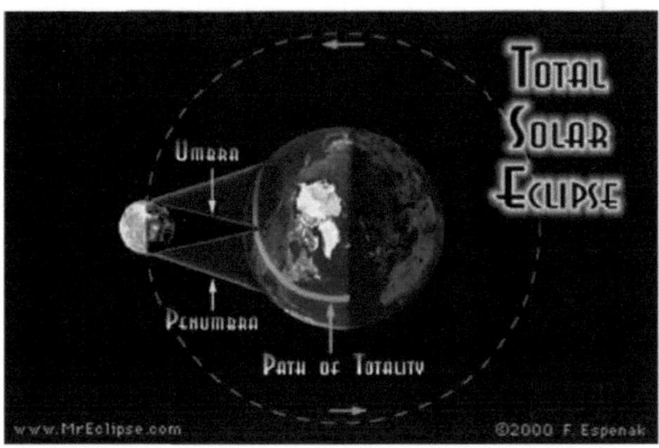

Figura 1.3 Trajeto da totalidade no eclipse solar total com a região umbra e a região penumbra (Cortesia: www.mreclipse.com).

1.1.3 Eclipse solar anular

Um eclipse solar anular é semelhante aos eclipses totais, na medida em que a lua parece passar **centralmente** pelo sol, mas é *demasiado* ***pequena*** para cobrir completamente o disco do sol. Uma vez que a Lua **circunda** a Terra numa órbita elíptica, a sua distância à Terra pode variar entre 221,**457** milhas e 252,712 milhas. Esta variação de 13% na distância da Lua faz com que o tamanho aparente da Lua no nosso céu varie na mesma proporção. Quando a Lua está no lado mais próximo da sua órbita, a Lua parece maior do que o Sol. Se ocorrer um eclipse nessa altura, **será** um eclipse total. No entanto, se um eclipse ocorrer quando a Lua está no lado mais afastado da sua órbita, a Lua parece mais pequena do que o Sol e não consegue cobri-lo completamente e o cone de sombra escura da **umbra** da Lua não pode estender-se por mais de 235 700 milhas, ou seja, menos do que a distância média da Lua à Terra. Assim, se a Lua estiver a uma distância maior, a ponta da **umbra** não chega à Terra. Durante esse eclipse, a ***antumbra,*** uma **continuação** teórica da **umbra**, atinge o solo, e podemos ver um anel, ou "anel de fogo" **à volta da** Lua. O trajeto da antumbra é designado por trajetória de anularidade, que é mostrada na Figura 1.4.

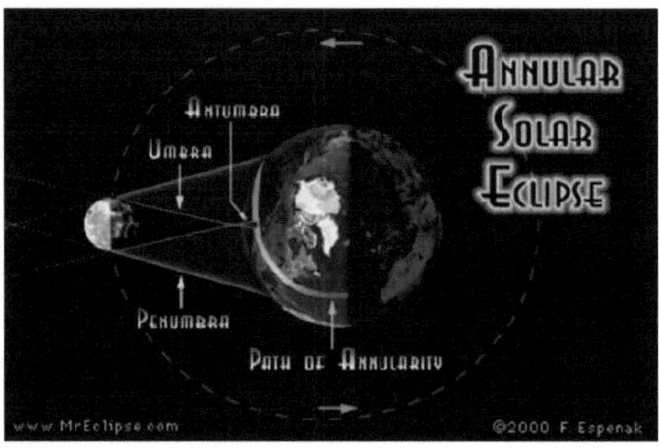

Figura 1.4 Trajetória da anularidade durante o eclipse solar anular (Cortesia: www.mreclipse.com).

1.1.4 Eclipse solar parcial

Um eclipse solar parcial ocorre quando apenas a **penumbra** (a sombra parcial) passa sobre a superfície terrestre. Neste caso, uma parte do Sol fica sempre à vista durante o eclipse. A parte do Sol que fica à **vista** depende das circunstâncias específicas. Normalmente, a penumbra dá apenas um golpe de relance no nosso planeta sobre as regiões polares. Nesses casos, os locais afastados dos **pólos**, mas ainda dentro da zona da penumbra, podem não ver muito mais do que **uma** pequena **vieira** do Sol escondida pela Lua, e também podemos observar o eclipse solar parcial, que se situa a alguns milhares de quilómetros do caminho de um eclipse total.

1.1.5 Eclipse solar híbrido

Estes são também chamados eclipses anular-total (**A-T**). Este tipo especial de eclipse ocorre quando a distância da Lua está próxima do limite para a **umbra** atingir a Terra. Na maioria dos casos, um eclipse A-T começa como um eclipse anular, porque a ponta da umbra não chega a entrar **em contacto** com a Terra e, **em seguida, torna-se** total, porque a redondeza da **Terra** alcança e intercepta a ponta da sombra **perto do** meio do caminho e, finalmente, volta a ser anular no final **do** caminho. Como a Lua parece passar diretamente em frente do Sol, os eclipses totais, anulares e híbridos são também chamados eclipses centrais para os distinguir dos eclipses que são meramente parciais.

Em todos os eclipses solares que ocorrem no globo, cerca de 28% são eclipses solares totais, 35% são eclipses solares parciais, 32% são eclipses solares anulares e apenas 5% são eclipses solares híbridos. Durante o eclipse, a Lua entra em contacto com o Sol em quatro fases: primeiro contacto, segundo contacto, terceiro contacto e quarto contacto.

Primeiro contacto: Quando a lua se aproxima do sol, encontramos uma pequena parte do sol a escurecer. Chama-se a isto o primeiro contacto, ou seja, o início da fase parcial de um eclipse.

Segundo contacto: Quando a lua cobre completamente o disco solar, esta fase é chamada de segundo contacto. Nessa altura encontramos a totalidade nessa região.

Terceiro contacto: Após alguns minutos de totalidade, quando a lua começa a descobrir o sol, esta fase é chamada de terceiro contacto.

Quarto contacto: Nesta fase, a Lua deixa completamente o disco solar.

1.2 Previsões de eclipses solares

Todos os anos, pelo menos duas vezes (e por vezes até cinco vezes num ano), uma lua nova alinha-se de forma a eclipsar o sol. Esse ponto de alinhamento é chamado de nó. Dependendo da aproximação da lua nova a um nó, o eclipse em particular é um eclipse central ou um eclipse parcial. Além disso, a distância da lua à Terra determinará se um eclipse central é total, anular ou híbrido. Estes alinhamentos não acontecem ao acaso, pois após um intervalo de tempo específico, um eclipse repete-se ou regressa. Este intervalo é conhecido como ciclo Saros. A palavra Saros significa "repetição" e é igual a 18 anos 11 dias 8 horas. Quaisquer dois eclipses separados por um ciclo Saros partilham geometrias muito semelhantes. Ocorrem no mesmo nodo, com a Lua quase à mesma distância da Terra e na mesma altura do ano. Como o período Saros não é igual a um número inteiro de dias, a sua maior desvantagem é que os eclipses subsequentes são visíveis de diferentes partes do globo. A deslocação extra de 1/3 de dia significa que a Terra tem de rodar mais ~8 horas ou ~120° em cada ciclo. Para os **eclipses** solares, isto resulta na deslocação **de** cada caminho **de eclipse** sucessivo em ~120° para oeste. Assim, uma série de **Saros** regressa aproximadamente à mesma região geográfica a cada 3 **saros** (54 anos e 34 dias). Uma vez que as órbitas da Terra e da Lua são conhecidas com bastante exatidão, **os eclipses** podem ser previstos com grande antecedência, tanto em termos de tempo como de localização.

A Figura 1.5 mostra as trajectórias dos eclipses solares ocorridos entre **2000** e 2020. **As trajectórias** a azul representam os **eclipses** solares totais, as trajectórias a vermelho representam os eclipses solares anulares e **as trajectórias** a cor-de-rosa representam os **eclipses** solares híbridos.

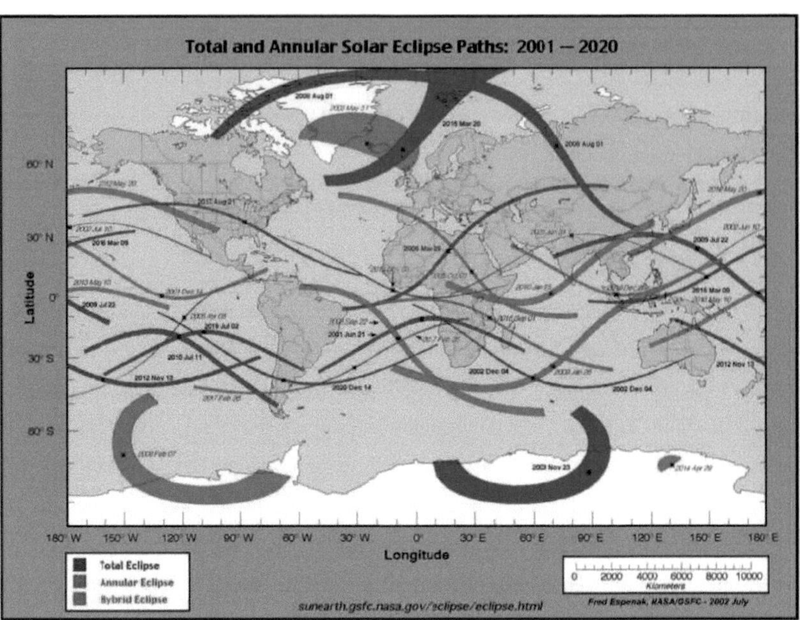

Figura 1.5 Trajectórias do **eclipse** solar **ocorrido** entre 2000 e 2020 (Cortesia de Fred Espenak NASA/GSFC)

1.3 Atmosfera

A Terra está rodeada por uma fina camada de atmosfera gasosa que é retida pela gravidade. O ar é vulgarmente conhecido como uma mistura de gases, contém, numa base molar seca, aproximadamente 78% de azoto molecular (N_2), 21% de oxigénio molecular (O_2), 1% de árgon (Ar), 0,033% de dióxido de carbono (CO_2) e uma grande quantidade de espécies vestigiais. O vapor de água está presente em concentrações muito variáveis que contribuem até alguns por cento nos oceanos tropicais. Para além destes gases, estão presentes no ar algumas partículas finas líquidas e sólidas, designadas por partículas de aerossol. 50% da massa de ar está presente abaixo dos 5,6 km de altitude e 90% abaixo dos 16 km.

A radiação solar é a principal fonte de energia para o sistema terrestre. O Sol emite radiação como um corpo negro de temperatura efectiva $T_S = 5800$ K. O fluxo de energia correspondente a esta temperatura é

$$F = \sigma T_s^4 \tag{1.1}$$

Em que $\sigma = 5,67 \ 10^{-8} \ Wm^{-2} \ K^{-4}$ é a constante de Stefan-Boltzmann. Esta radiação estende-se a todos os comprimentos de onda, mas atinge o seu máximo no visível (0,5 μm). A superfície terrestre perpendicular à radiação recebida intercepta o fluxo de energia solar que é de cerca de 1368 W m^{-2}.

Esta quantidade intercetada é designada por constante solar e denotada por S. Assim, o fluxo médio de radiação solar recebido pela esfera terrestre é $S/4 = 342$ Wm^{-2}. Cerca de 30% a 35% desta energia é reflectida para o espaço pelas nuvens e pela superfície terrestre, o que se designa por albedo planetário. A energia restante é absorvida pelo sistema Terra-atmosfera. Esta energia absorvida é emitida pela Terra sob a forma de radiação infravermelha de baixa energia. A energia emitida pela superfície terrestre é designada por radiação de onda longa de saída (OLR). A OLR é um componente crítico do orçamento de radiação da Terra e representa a radiação total que vai para o espaço emitida pela atmosfera. Os gases com efeito de estufa, como o metano (CH_4), o óxido nitroso (N_2O), o vapor de água (H_2O) e o dióxido de carbono (CO_2), absorvem certos comprimentos de onda da ROL, acrescentando calor à atmosfera. A OLR depende da temperatura do corpo radiante. É afetada pela temperatura da pele da Terra, pela emissividade da superfície da pele, pela temperatura atmosférica, pelo perfil do vapor de água e pela cobertura de nuvens. A temperatura da atmosfera é a propriedade mais importante que controla a sua estrutura. Assim, um estudo sobre a estrutura térmica é importante para explorar o comportamento **atmosférico**. A estrutura vertical da temperatura da atmosfera terrestre é explorada na **secção** seguinte.

1.3.1 Estrutura vertical da temperatura da atmosfera terrestre

O perfil vertical de temperatura da atmosfera em estado estacionário depende de um equilíbrio **em** cada nível da divergência dos fluxos de **calor** devido à transferência radiativa **e** à transferência de calor pelos movimentos atmosféricos.

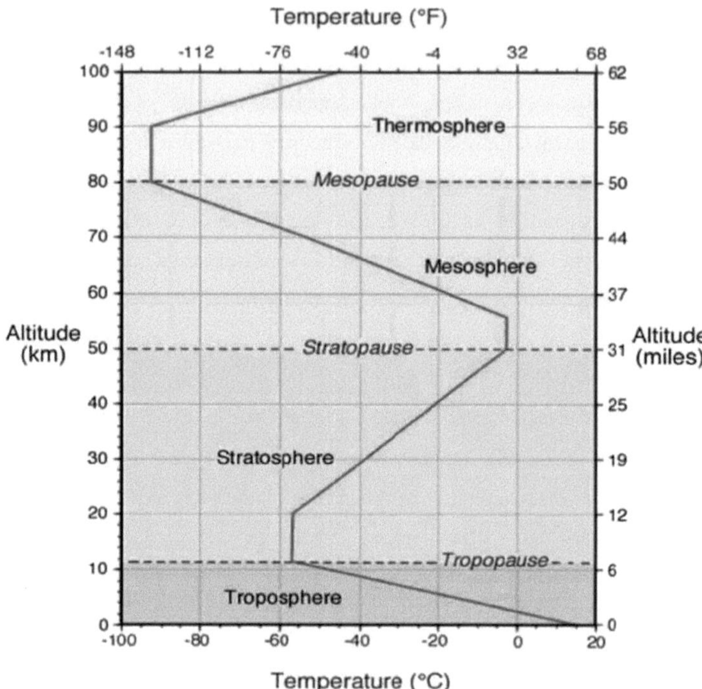

Figura 1.6 Estrutura vertical da temperatura da atmosfera terrestre em função da altitude (Cortesia: http://www.physicalgeography.net/fundamentals/images/atmslayers.gif).

Os cientistas atmosféricos dividem a atmosfera verticalmente com base nesta estrutura térmica. Com base na estrutura da temperatura, a atmosfera pode ser dividida principalmente em **quatro** camadas distintas, nomeadamente a "**troposfera**" (~0-18 km), a "**estratosfera**" (~**18-50** km), a "mesosfera" (~50-90 km) e a "termosfera" (acima de 90 km). A estrutura vertical da atmosfera é apresentada na figura 1.6.

A troposfera começa na superfície da Terra e estende-se até ~8 - 18 km, dependendo da latitude, longitude e estações do ano. Em geral, na região equatorial, tem uma altura máxima de cerca de 18 km e na região polar encolhe até 7-8 km. Na troposfera, a temperatura diminui à medida que a altitude aumenta, com uma taxa média de queda de 6°C/km. A troposfera contém cerca de 75 a 80% da massa da atmosfera e essencialmente todo o vapor de água e os gases primários com efeito de estufa. A maior parte da troposfera é aquecida pela convecção que transporta o calor da superfície inferior para cima. A temperatura troposférica é regulada pelo H_2O devido a trocas radiativas e convectivas. Quase todo o clima e as nuvens da Terra encontram-se nesta região. A camada que separa a troposfera da camada seguinte, a estratosfera, chama-se tropopausa.

A camada próxima da tropopausa é designada por estratosfera, que se estende até 50 km. A estratosfera é seca e menos densa do que a troposfera. Esta região contém 20 a 25% da massa da atmosfera. A camada de ozono está presente nesta região. O ozono é o principal absorvedor das radiações solares ultra violetas (UV), protegendo assim a vida à superfície dos efeitos nocivos destas radiações. A temperatura desta região aumenta devido ao aquecimento resultante da absorção da radiação ultravioleta pelo ozono. A camada que separa a estratosfera da camada seguinte, a mesosfera, é designada por estratopausa.

A mesosfera estende-se até 80-90 km acima da estratopausa. Esta região contém quase 1% da massa da atmosfera. Nesta camada, onde há pouco ozono disponível para absorver a radiação solar mas o arrefecimento radiativo pelo CO_2 ainda é eficaz, a temperatura volta a diminuir com a altura. Ao contrário da estratosfera, a mesosfera é instável devido às correntes convectivas. A turbulência é frequente e resulta muitas vezes da dissipação de ondas de gravidade que se propagam verticalmente, quando a amplitude destas ondas se torna tão grande que a atmosfera se torna termicamente instável. A camada que separa a mesosfera da camada seguinte, a termosfera, é designada por mesopausa.

A região acima dos 90 km é designada por termosfera. A temperatura nesta região é muito elevada e variável. Nesta região, a radiação UV de comprimento de onda muito curto é absorvida pelo oxigénio molecular O_2, pelo azoto molecular N_2 e pelo oxigénio atómico O, produzindo o aquecimento. Moléculas como O_2, CO_2 são dissociadas por UV de alta energia ($\lambda < 0,1$ µm). O ar nesta região é tão ténue que as hipóteses de equilíbrio termodinâmico local, como na radiação do corpo negro, não são aplicáveis. As colisões tornam-se raras, de modo que uma população estável de iões pode ser mantida, produzindo plasma (gás ionizado). Nesta região da atmosfera, os átomos leves (hidrogénio) podem vencer as forças da gravidade e escapar para o espaço se a sua velocidade for superior a um valor limite (velocidade de escape). Nesse momento, a atmosfera funde-se efetivamente com o espaço exterior. No entanto, nesta tese, o nosso foco principal continuará a ser a troposfera e a estratosfera. O perfil de temperatura da atmosfera inferior da Terra (troposfera e estratosfera) reflecte um equilíbrio entre o aquecimento/arrefecimento convectivo, radiativo e dinâmico do sistema superfície-atmosfera. As regiões da troposfera e da estratosfera estão dinamicamente acopladas e influenciam a temperatura uma da outra. O principal objetivo do estudo da temperatura da troposfera e da estratosfera inferior é compreender melhor a troca de elementos vestigiais entre a troposfera e a estratosfera através da tropopausa. A importância da zona da tropopausa e das regiões da estratosfera é descrita na secção seguinte.

1.3.2 A tropopausa e a estratosfera

A estrutura vertical da temperatura é importante na atmosfera terrestre. A tropopausa é a zona de transição entre a troposfera e a estratosfera (Highwood e Hoskins, 1998; Atticks e Robinson, 1983), que é definida pela camada de inversão da temperatura atmosférica (WMO, 1957). A tropopausa pode ser definida principalmente de acordo com as duas definições seguintes. Em primeiro lugar, de acordo com a definição da OMM, a tropopausa é o fundo de uma camada, mais espessa do que 2 km, com uma taxa de lapso média igual ou inferior a 2°C/km. É a chamada tropopausa de taxa de lapso (LRT). Esta LRT está pouco ligada aos processos de convecção. Em segundo lugar, o ponto frio da tropopausa (CPT) é a temperatura mais fria encontrada no perfil vertical de temperatura da atmosfera abaixo de 20 km. A CPT é mais relevante para a troca estratosfera-troposfera (STE) nos trópicos (Highwood e Hoskins, 1998). No entanto, nas últimas décadas, tornou-se claro que a distinção entre troposfera e estratosfera nem sempre é suficientemente clara e que existe uma camada atmosférica que tem propriedades tanto da troposfera como da estratosfera. Especialmente nos trópicos, a transição da troposfera para a estratosfera pode estender-se por vários quilómetros na vertical, o que é designado por camada tropical da tropopausa (TTL, por vezes também referida como "camada de transição tropical"). A TTL tem várias definições e conceitos. Gettelman e de Forster, (2002) definem os limites inferiores da TTL ao nível do mínimo da taxa de lapso da temperatura potencial, e o topo ao nível do ponto frio da tropopausa (CPT). No entanto, o nível de 100 hPa também tem sido utilizado como indicador da tropopausa tropical (Frederick e Douglass, 1983; Mote et al., 1996), devido à sua disponibilidade direta nos modelos.

A tropopausa é uma das regiões-chave da atmosfera. A tropopausa marca a transição entre a troposfera e a estratosfera e desempenha um papel importante na troca estratosfera-troposfera (STE) e na propagação de ondas entre as duas regiões (Holton et al., 1995; Baray et al., 1998a; Sorensen e Nielsen, 2001). De facto, espera-se que os estudos sobre as caraterísticas da tropopausa forneçam uma climatologia, para investigar a variabilidade e as anomalias das estruturas térmicas e das distribuições de traçadores, nomeadamente o ozono e o vapor de água, bem como os processos de troca que contribuem para a redistribuição destes compostos nas escalas vertical e horizontal. Uma vez que o ar entra na estratosfera principalmente através da tropopausa tropical, a tropopausa desempenha um papel importante no orçamento do vapor de água e de outros compostos vestigiais na estratosfera (Randel et al., 2000; Fueglistaler et al., 2009). O principal objetivo do estudo da temperatura da troposfera e da estratosfera inferior é compreender melhor a troca de elementos vestigiais entre a troposfera e a estratosfera através da tropopausa. Por conseguinte, os estudos sobre a CPT assumem uma importância significativa. Para compreender as caraterísticas da tropopausa, é necessário estudar as várias propriedades, como a mudança de pressão e a nitidez através da CPT, que são descritas nas subsecções e nos capítulos seguintes.

No entanto, na região polar, a estratosfera torna-se ainda mais fria do que a tropopausa durante o inverno e cria uma condição adequada para a formação de nuvens estratosféricas polares, que têm uma influência significativa na destruição do ozono estratosférico e, consequentemente, na sua dinâmica. Nas latitudes mais elevadas, as variações de temperatura na estratosfera inferior apresentam um ciclo anual pronunciado. A estimativa exacta da temperatura é necessária na região estratosférica em latitudes mais elevadas. O presente trabalho irá fornecer uma discussão sobre a estrutura da CPT e as variações globais na estrutura da temperatura da troposfera e estratosfera da Terra, desde a região polar norte até à região polar sul.

1.4 Estudos anteriores sobre o eclipse solar

O evento de um eclipse solar foi sempre muito atrativo para os meteorologistas para estudar a resposta da atmosfera sob as condições específicas de uma mudança abrupta (desligar e ligar) da radiação solar incidente. Vários estudos realizados durante eclipses solares incluem observações de variáveis meteorológicas, tais como a temperatura do ar e do solo, a irradiância solar, a humidade, a velocidade e a direção do vento, e relatam mudanças drásticas nos parâmetros meteorológicos médios na camada superficial, associadas ao evento do eclipse (por exemplo, Anderson et al., 1972; Antonia et al., 1979; Fernandez et al., 1993, 1996; Anderson 1999; Hanna, 2000; Zanis et al., 2001; Zerefos et al., 2001). As alterações nos fluxos de calor e de momento na camada limite durante um eclipse são discutidas por Antonia et al., (1979) e Szalowski, (2002), enquanto Eaton et al., (1997) e Krishnan et al., (2004) forneceram provas da diminuição dos processos de turbulência.

Cada eclipse solar tem caraterísticas únicas no que diz respeito à hora da sua ocorrência, à percentagem de obscurecimento máximo e à trajetória do eclipse. Durante o eclipse solar, a sombra da lua varre a superfície da terra a velocidades supersónicas e inspira os meteorologistas a realizarem investigações especiais. Os eclipses estão ligados a uma diminuição rápida e curta do fluxo de energia solar, semelhante a um impulso, que atinge a área de visibilidade e que pode ser prevista com exatidão antes da ocorrência do fenómeno (Stoev et al., 2005; Krumov e Krezhova, 2008).

A estrutura e a amplitude da queda de temperatura são diferentes para cada local e podem variar de menos de um a vários graus, dependendo de muitos factores.

A percentagem de cobertura solar, a latitude, a estação e a hora do dia, as condições sinópticas, a altura das medições, as caraterísticas climáticas e outras caraterísticas locais (por exemplo, topografia, vegetação, condutividade do solo) são responsáveis pelos diferentes padrões das flutuações de temperatura durante um eclipse solar. O impacto de um eclipse solar na temperatura da superfície e da atmosfera tem sido amplamente referido na literatura (Kolarz et al., 2005; Nymphas et al., 2009). Chimonas, (1970) foi o primeiro a relatar que um efeito de arrefecimento súbito poderia atuar como uma fonte potencial de ondas de gravidade que são susceptíveis de se propagar para cima, mesmo na termosfera, quando o mecanismo de origem muda rapidamente. Randhawa et al., (1970) relataram o efeito de um eclipse solar parcial sobre a temperatura e os ventos na estação equatorial de Fort Sherman, Zona do Canal do Panamá (9^0N, $79^0$67' W). Anderson et al., (1972) referiram que se registou uma diminuição máxima da temperatura de cerca de 3^0C após a totalidade do eclipse solar de 7 de março de 1970 na Florida e Gerasopoulos et al., (2007) referiram que foram medidas quedas de temperatura de 2,3-3,9^{0}C em locais da Grécia durante o eclipse total de 29 de março de 2006. A temperatura do ar próximo do solo diminuiu ~0,7^{0}C durante o evento do eclipse no centro de Atenas, enquanto a humidade relativa aumentou, atingindo um máximo no final do eclipse solar. A velocidade do vento diminuiu após a fase máxima do eclipse solar sem qualquer mudança significativa de direção (Founda et al., 2007).

Na Índia, muitos estudos relataram as observações das variações dos parâmetros metrológicos durante o eclipse solar (Eliot, 1900; Agarwal, 1980; Appu et al., 1997; Singh et al., 1989; Dutta et al., 1999; Dolas et al., 2002; Krishnan et al., 2004). As observações em cento e cinquenta e quatro estações meteorológicas na Índia, registadas durante o eclipse solar de 22 de janeiro de 1898, foram discutidas e publicadas por Eliot (1900). O autor discutiu as mudanças latitudinais de temperatura de 12^0 N a 20^0 N no momento do obscurecimento máximo e notou que a temperatura do ar diminui em proporção ao obscurecimento e atingiu 8^0 C no interior da Índia perto do caminho do eclipse total. Observações feitas durante o eclipse solar de 24 de outubro de 1995, na Thumba Equatorial Rocket Launching Station (TERLS) (8.5^0 N, 76.9^0 E), revelaram um forte aquecimento da baixa estratosfera no final do eclipse solar (Appu et al., 1997). Dolas et al., (2002) relataram alterações na velocidade do vento durante o eclipse, com um valor mínimo durante a totalidade, mas sem grandes alterações na direção do vento. Niranjan et al., (1997) observaram aumentos acentuados no fluxo de UV após as duas últimas horas de contacto do eclipse de 24 de outubro de 1995. Estes autores atribuíram os aumentos observados no fluxo de UV em terra à redução do ozono estratosférico. Um arrefecimento significativo abaixo da tropopausa e um aumento da temperatura acima da tropopausa foram registados por Dutta et al. (1999). Ratnam et al. (2010) registaram uma forte resposta do eclipse solar nos parâmetros meteorológicos da camada superficial, nas estruturas da pluma térmica e nos parâmetros do vento. Também observaram uma diminuição da concentração de ozono abaixo da tropopausa e um aumento perto dos 18-20 km, que seguiu a estrutura da temperatura. Uma diminuição na altura da tropopausa e um aumento na temperatura da tropopausa foram observados durante o tempo do eclipse foi relatado por Muraleedharan et al., (2011). Também foi observada uma forte inversão a 13 km de altura e um estranho aquecimento na troposfera superior no dia do eclipse. Kumar et al., (2011) relataram que, na região MLT, as observações do ozono mostraram um aumento durante o eclipse solar.

1.5 Motivação e objetivo

Os eclipses solares oferecem boas oportunidades à comunidade científica para estudar e compreender os processos dinâmicos associados a alterações súbitas na estrutura térmica da atmosfera. Apesar dos esforços contínuos de vários investigadores, os efeitos regulares dos eclipses solares nos processos atmosféricos ainda não são bem compreendidos e, por conseguinte, não podem ser generalizados. Além disso, qualquer eclipse solar é único e fornece informações meteorológicas adicionais úteis para a compreensão dos processos no ambiente da Terra. Assim, nesta tese, tentou-se compreender as variações de diferentes parâmetros meteorológicos à superfície e o comportamento da troposfera e da estratosfera durante os eclipses solares. Além disso, os estudos centraram-se na compreensão do impacto do eclipse solar no ozono da superfície, onde ocorre naturalmente maior radiação solar e maior vapor de água.

O principal objetivo deste livro é compreender os efeitos atmosféricos no eclipse solar, focando principalmente os parâmetros meteorológicos, fotoquímica, física da camada limite, superfície e ozono total colunar. Para o presente estudo, seleccionamos os eclipses solares anulares de 15 de janeiro de 2010. A fim de cumprir os objectivos de forma eficaz, o conteúdo do livro é dividido em quatro capítulos.

O início do Capítulo 1 dá uma ideia geral sobre a atmosfera da Terra. É feita uma breve introdução aos eclipses solares e à sua classificação, ao efeito do eclipse solar na atmosfera e ao estudo da literatura. Por fim, são descritos o âmbito e os objectivos do presente estudo.

Os dados recolhidos a partir de várias medições terrestres, utilizados no presente estudo, são explicados no *Capítulo II*. Uma breve descrição dos eclipses solares considerados para o presente estudo é também ilustrada.

O capítulo III trata da variação de O_3, NO_x à superfície e de parâmetros meteorológicos como a temperatura do ar, a humidade relativa e a velocidade do vento no dia do eclipse solar de 15 de janeiro de 2010, que ocorreu entre as 11:05 e as 15:05h 1ST, durante o qual 90% do disco solar foi mascarado às 13:20 h 1ST em ponto. Além disso, trata da variação dos parâmetros meteorológicos induzida pelo eclipse solar anular nas regiões da troposfera e da estratosfera inferior. Para este efeito, foi realizada uma campanha experimental utilizando balões meteorológicos com radiossondas GPS sobre Kadapa ($14,28^0$ N, $78,42^0$ E) entre 12 e 15 de janeiro de 2010. A variação diurna da tropopausa durante o período do eclipse foi registada pela primeira vez nesta região. Além disso, estudámos a magnitude da variação da temperatura atmosférica comparando com os dados recolhidos sobre Thumba (8.5^0N, 76.9^0E). O fenómeno de onda na Troposfera Superior e Estratosfera Inferior (UTLS) é estudado usando a análise de wavelet. Além disso, variações localizadas significativas na força das circulações de Walker (zonal) e Hadley (meridional) de grande escala também foram discutidas.

Por último, *o capítulo IV* apresenta o resumo geral e as conclusões, bem como o âmbito futuro do presente estudo.

Capítulo 2

2.1 Introdução

O eclipse solar proporciona uma oportunidade única **para** estudar os efeitos de gradientes térmicos súbitos trazidos para a atmosfera. **Examinámos** os aspectos das mudanças persistentes na **temperatura** atmosférica inferior e média e outros parâmetros **meteorológicos** causados pelo eclipse com a ajuda de dados observacionais de superfície e de satélite. Neste capítulo, uma breve descrição da Estação Meteorológica Automática (AWS), da radiossonda Pisharoty GPS e do analisador de ozono, o princípio de funcionamento e a recolha de dados são descritos neste capítulo.

2.2 Sistema de Posicionamento Global (GPS)

O Sistema de Posicionamento Global (GPS) é um sistema baseado em satélites que pode ser utilizado para localizar posições em qualquer ponto da Terra. O GPS criou o seu protótipo na década de 1970 e, na década de 1990, tornou-se totalmente operacional. Foi apoiado pelo Departamento de Defesa dos Estados Unidos, com um custo de aproximadamente 15 **mil milhões de** dólares americanos. Mais recentemente, organizações civis de várias nações criaram a rede do Serviço Internacional GPS (**IGS**), que inclui mais de 100 estações de rastreio distribuídas globalmente e fornece a determinação da **órbita** com uma precisão **de 5 cm** em apoio às actividades de investigação geodésica e geofísica.

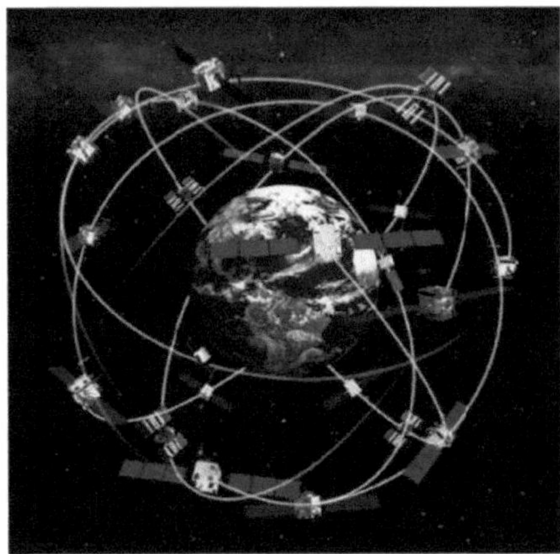

Figura 2.1 Constelação do sistema GPS (**Cortesia** da NASA)

A constelação GPS é atualmente constituída por 29 satélites (Figura 2.1) com um raio de 26500 km, um período de ~12 h, em órbita em seis planos diferentes. Para assegurar uma cobertura mundial contínua, os satélites GPS estão dispostos de modo a que quatro satélites sejam colocados em cada um dos seis planos orbitais.

2.3 Radiossonda GPS

O GPS pode ser utilizado para obter a posição (latitude, longitude e altitude) e a hora de qualquer ponto da Terra. O NAVSTAR GPS (NAVigation System with Timing And Ranging Global Positioning System), instalado pelo Departamento do Espaço dos EUA, é constituído por uma constelação de 24 satélites. Estes satélites estão colocados a uma altitude de ~20 000 km em 6 planos orbitais diferentes com uma inclinação de 55 graus e o período orbital de cada satélite é de cerca de 12 horas. Os satélites estão localizados de forma a que pelo menos 4 satélites sejam visíveis a partir de qualquer ponto da superfície terrestre. Cada um dos satélites GPS transmite sinais em duas frequências: 1575,42 (L1) e 1227,60 (L2) MHz. Apenas a banda L1 está disponível para utilização civil.

A radiossonda é um instrumento transportado por balão com capacidade de transmissão de rádio. Contém sensores capazes de efetuar medições in situ da pressão atmosférica, da temperatura e da humidade (PTU) em função da altura, normalmente até uma altitude de 30-35 km. Um transmissor de rádio localizado na radiossonda transmite os dados para a estação terrestre. A radiossonda ligada a um balão cheio de hélio ou hidrogénio eleva o aparelho através da atmosfera. Uma radiossonda GPS fornece informações sobre a posição e a velocidade do balão com a ajuda do módulo recetor GPS, para além dos parâmetros normais da PTU. O dispositivo de receção GPS numa radiossonda melhora tremendamente a precisão da observação. Na presente tese, são utilizados os dados disponíveis da radiossonda GPS do Dr. Pisharoty.

2.3.1 Principal de localização GPS e medição do vento

O dispositivo recetor GPS numa radiossonda obtém a informação da direção e da velocidade do satélite GPS com o desvio de frequência dos sinais de rádio do satélite devido ao desvio Doppler e transmite a informação de posicionamento da radiossonda à estação terrestre. No solo, a receção das ondas de rádio da radiossonda permite observar a direção e a velocidade do vento no ar superior. Embora as técnicas de determinação do vento com o sistema de radar de rastreio provoquem um erro de ângulo de elevação quando a radiossonda se afasta, a radiossonda **com GPS** diferencial (D-GPS) resolve este problema. A precisão dos dados GPS pode ser melhorada utilizando a técnica D-GPS. Esta técnica utiliza receptores GPS estacionários para calcular a diferença entre a sua posição real conhecida e a posição calculada pelos sinais GPS recebidos. O princípio é que quaisquer dois receptores relativamente próximos experimentarão erros atmosféricos semelhantes e estarão a utilizar o mesmo satélite para calcular a informação de navegação.

O sistema de radiossondas D-GPS é composto por três subsistemas, nomeadamente

(1)Sistema de bordo (radiossonda)

(2)Estação recetora terrestre

(3)Software de processamento e visualização

O sistema de bordo inclui a antena GPS, o módulo recetor GPS, os sensores, o processamento de sinais, o conversor analógico-digital (ADC), o microcontrolador, o transmissor, a antena de transmissão e a bateria. Todos os dispositivos electrónicos do e a bateria são colocados numa caixa de proteção térmica para manter a temperatura dentro dos limites especificados.

O sistema de observação do ar superior é constituído por um sistema de antena de receção de radiossondas, uma antena de receção GPS, um recetor de radiossondas GPS e um processador de dados. O computador pessoal, ligado a um subsistema de rede através de TCP/IP, é fornecido com um kit de calibração utilizado para o controlo no solo antes do lançamento da radiossonda.

O software de processamento e visualização recolhe os dados do recetor através da interface TCP/IP, armazena os dados e processa-os para visualização em linha ou fora de linha. A visualização pode ser numérica, gráfica ou tabular.

2.3.2 Especificações dos sensores

Sensor de temperatura:

O sensor de temperatura mede a temperatura ambiente em toda a gama de condições de voo. O sensor é um RTD de platina com um tempo de resposta inferior a 2 segundos.

As especificações do sensor de temperatura:

Material :		Platina
Resistência nominal	:	1000 ohms
Gama de temperaturas	:	-200°C a +400° C
Coeficiente de temperatura	:	TCR=3850 ppm/K
Tempo de resposta		
Água (0,4m/s)	:	T0,63=0,1 s
Ar (1m/s)	:	T0,63 = 1,5 s

Sensor de pressão:

O sensor de pressão mede a pressão ambiente ao longo de toda a gama de condições de voo, desde o lançamento até ao rebentamento do balão ou mesmo até à aterragem. O sensor de pressão é um sensor baseado em MEMS com condicionamento de sinal incorporado e é compensado em termos de temperatura na gama de 0° C a 85° C Especificações do sensor de pressão:

Tipo de medição	:	Absoluto
Condicionamento de sinais	:	Amplificado

Gama de pressão : 0 psia a 15 psia

Sobrepressão máxima : 30,0 psia

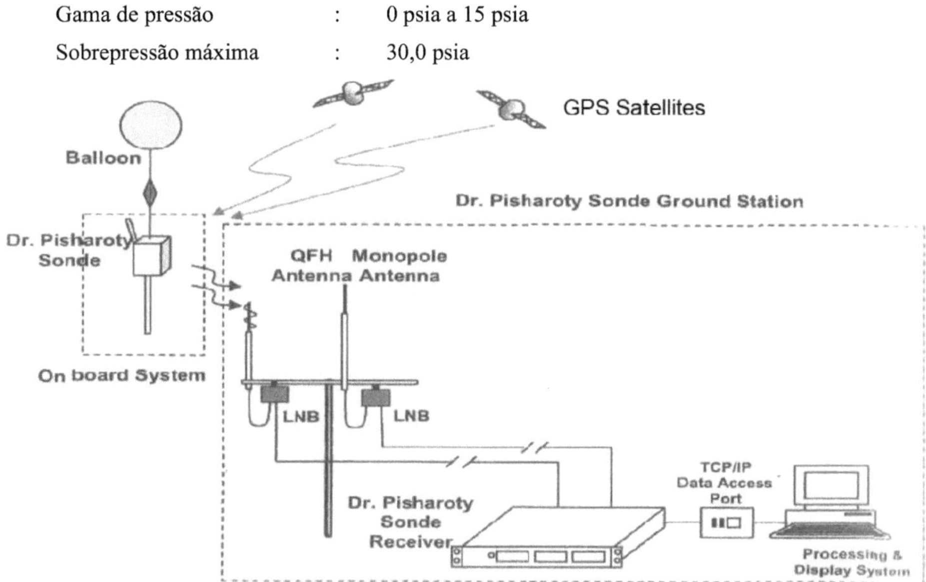

Figura 2.2 Descrição **do sistema de radiossonda** GPS do Dr. Pishroty. (Cortesia de RFAFD, VSSC, **Trivandrum**)

Sensor de humidade:

O sensor de humidade mede o vapor de água ambiente (humidade) em toda a gama de condições de voo. Os sensores de humidade normalmente utilizados nas radiossondas medem diretamente a humidade relativa

Especificações:

Princípio de medição	Sensor de humidade capacitivo
Dimensões mecânicas	L=3,81, XL=5,0, XH=0,4 mm
Humidade Gama de funcionamento	0... 100% de humidade relativa
Gama de temperaturas de funcionamento	80.... +150^0 C
Capacitância	140 pF a 23^{0}C e 30% HR
Exatidão	<1,5% RH (20,90% RH)
Tempo de recuperação	< 4 s (50% HR-0% HR;
	Vair=2m/s., tempo de resposta < 1 s típico).

A estação terrestre Dr. Pisharoty Sonde é constituída por três sistemas principais

1. Antenas e blocos de baixo ruído (LNBs)

2. Dr. Pisharoty Sonde Recetor

3. Sistema de processamento e visualização de dados

i. Antenas e blocos de baixo ruído (LNBs)

Existem duas antenas independentes para a receção dos sinais da sonda GPS, nomeadamente uma antena monopolar e uma antena de hélice quadrifilar (QFH). O sistema de antena de reboque é utilizado para assegurar a receção do sinal durante todo o voo.

Estas antenas têm de ser instaladas num espaço aberto elevado. A saída de cada antena é alimentada por um bloco de baixo ruído (LNB) que contém um amplificador de baixo ruído (LNA) e um filtro passa-banda (BPF). O LNA amplifica suficientemente o sinal recebido para compensar a atenuação do sinal devida à perda de cabo e é instalado muito próximo da antena.

ii. Dr. Pisharoty Sonde Recetor

O recetor de sonda Dr. Pisharoty é um recetor de canal duplo de baixo custo. Os dois canais são indicados como CH1 (canal 1) e CH2 (canal 2). O recetor Dr. Pisharoty Sonde recebe sinais de ambas as antenas em simultâneo, desmodula, descodifica de forma independente e seleciona um dos dados. A seleção dos dados é decidida pela lógica de seleção, que tem em conta a indicação da intensidade do sinal recebido (RSSI) e o estado de correção dos erros. Estes dados são designados por "dados principais".

As principais caraterísticas do recetor Dr. Pisharoty Sonde são

- Duplo canal

- Descodificação Solomon de leitura para correção de erros

- Interface Ethernet para conetividade TCP/IP

- Interface SD/MMC para armazenamento de dados (formato FAT 16)

- Funcionamento AC/DC

- Bateria de reserva de 10 horas com carregador de bateria incorporado

- Indicação da intensidade do sinal recebido (RSSI)

- Seleção automática de canais com base em RSSI e erros de byte detectados para o descodificador RS

iii. Sistema de processamento e visualização de dados:

O software de processamento e visualização de dados é desenvolvido internamente e é designado por IndRoS (Indian Radiosonde Software). O IndRoS é uma interface gráfica de utilizador (GUI) de fácil utilização, baseada no Windows, para a recolha, o processamento e a visualização dos parâmetros da sonda Dr. Pisharoty.

2.4 Estação meteorológica automática

A Estação Meteorológica Automática (AWS) indígena foi conceptualizada como um sistema integrado de sensores meteorológicos, registador de dados, transmissão de dados e recetor (Figura 2.3). Algumas das restrições que foram aplicadas durante a conceção do sistema são o sistema de energia autónomo (sem apoio externo), operações fáceis, capacidade de resistir a condições meteorológicas severas e operações de longa duração. Os subsistemas básicos do AWS são a unidade de campo com sensores, a unidade de condicionamento do sinal , o registador de dados para conversão, armazenamento e transmissão, a antena, a fonte de alimentação, o transponder de retransmissão de dados a bordo dos satélites INSAT/METSAT e o recetor de dados e a unidade de processamento. Os sensores meteorológicos da unidade AWS consistem em pressão, temperatura, humidade, velocidade/direção do vento, radiação e precipitação. Exceto o sensor de pressão e o pluviómetro, os outros sensores estão montados numa torre de 3 m. O AWS está sintonizado para transmitir os dados duas vezes num intervalo de tempo pré-determinado dentro de uma hora, com base no modo TDMA (Time Division Multiplexing Access) de transmissão de dados para o INSAT. Para manter o tempo com uma precisão de milissegundos, está integrado um GPS no AWS, que corrige diariamente o relógio local da estação. Um sensor anemómetro do tipo rotor de 3 copos é utilizado para medir a velocidade do vento com uma precisão de $\pm$ 1%. Quando rodado pelo vento, um chopper no eixo do anemómetro interrompe uma fonte de luz infravermelha, gerando impulsos de um foto transístor. A frequência é proporcional à velocidade do vento. A direção do vento é medida utilizando um cata-vento de baixo limiar, contrabalançado, com uma resolução de < 10. Um potenciómetro linear sem fim, enrolado em fio, é acoplado ao cata-vento por um eixo. Quando a palheta gira, faz girar um eixo de aço inoxidável que está acoplado ao potenciómetro. O sensor do tipo RTD (PT 1000) é utilizado para medir a temperatura com uma resolução de $\pm$ 0,1°C.

O escudo contra intempéries é fornecido para evitar o aquecimento direto do sensor pela radiação solar e para o proteger da chuva e da neve. Para a medição da humidade, é utilizado um sensor de capacitância de película fina que fornece uma precisão de $\pm$ 3% da leitura da escala completa. O sensor de pressão piezo-resistivo com compensação de temperatura é utilizado para medir a pressão com uma resolução de 0,1 mbar. O pluviómetro de balde basculante utiliza um mecanismo de balde basculante para produzir um fecho de contacto sempre que recebe uma quantidade pré-determinada de precipitação com uma resolução de 0,25 mm.

Figura 2.3 Fotografia da estação meteorológica automática instalada no campus da Universidade.

2.5 Medições do ozono de superfície

A quantidade de ozono na atmosfera é medida por instrumentos instalados no solo e também transportados em **balões**, aviões e satélites. As **medições** envolvem a aspiração de ar para um instrumento **que** contém um sistema de deteção de ozono. Outras medições baseiam-se na absorção única de luz do ozono **na** atmosfera, em que a luz solar ou a luz laser é cuidadosamente medida depois de passar **por** uma parte da atmosfera que contém ozono. O ozono à superfície é medido utilizando um analisador (O_3 41M; **Environnement** S.A., França) baseado na absorção da radiação **UV** a 253,7 nm pelas moléculas de ozono (ver Figura 2.5). O analisador **incorpora** correcções devidas a alterações de temperatura, pressão na célula de absorção e variação da intensidade da lâmpada UV (Naja et al., 1996, 2002; Nair et al., 2002). A **contribuição** de outras espécies para a absorção e dispersão da radiação **na** célula é eliminada comparando a medição com o ar sem **ozono** no modo de referência. Uma **lâmpada** de mercúrio é a fonte desta radiação que é absorvida pelas moléculas de ozono presentes no ar ambiente preenchido na célula de absorção com um comprimento de cerca de 60 **cm**. O sinal absorvido, bem como o sinal de referência, é medido por um detetor. A concentração de ozono é estimada utilizando a lei de **Beer-Lambert**. A calibração do sistema é feita regularmente com a ajuda de um **gerador de** ozono incorporado. A regulação do zero do analisador também é **efectuada** regularmente. O limite mínimo de deteção do analisador é de cerca de 1 ppbv e a sua resposta é de cerca de 10 s. A precisão absoluta **deste** tipo de sistemas é de cerca de 5% (Kleinman et al., 1994).

Figura 2.5 Esquema simplificado do analisador de ozono

Um eclipse solar anular ocorreu em 15 de janeiro de 2010 sobre a região tropical indiana. Foi realizada uma campanha experimental utilizando balões meteorológicos com radiossondas GPS em Kadapa (14,28⁰ N, 78,42⁰ E) entre 12 e 15 de janeiro de 2010, para estudar a variação dos parâmetros meteorológicos induzida pelo eclipse solar nas regiões da troposfera e da estratosfera inferior. Pela primeira vez, a variação diurna da tropopausa durante o período do eclipse foi registada nesta região (semi-árida). Além disso, a variação da radiação solar de superfície, ozono e medições de NOx foram feitas durante o período do eclipse. A diminuição da razão de mistura de O_3 à superfície e o aumento de NOx são observados durante o período do eclipse. O efeito de arrefecimento é observado em toda a troposfera e estratosfera inferior durante a fase máxima do eclipse solar. A temperatura diminui 10⁰C a cerca de 30 km de altitude durante a fase máxima do eclipse solar. Na fase máxima do eclipse solar, a temperatura do ponto frio (CPT) diminuiu ~0,5⁰C e a sua altura diminuiu ~1100 m. Pequenas oscilações na Troposfera Superior e na Estratosfera Inferior (UTLS) durante e após a fase máxima do eclipse solar são observadas através da análise de wavelet. Além disso, variações localizadas significativas na força das circulações zonal de Walker e meridional de Hadley de grande escala também foram encontradas sobre esta região durante o evento do eclipse.

Capítulo 3

3.1 Introdução

O eclipse solar é um fenómeno único que dá a oportunidade de investigar os efeitos atmosféricos associados a mudanças rápidas na radiação solar (Tzanis et al., 2008) ou quando a radiação solar recebida é bruscamente desligada durante estes eventos (Nymphas et al., 2009, e referências). Durante um eclipse solar, a sombra da lua diminui a radiação recebida do sol, causando alterações no conteúdo de electrões, na composição neutra e na temperatura. Devido à disponibilidade de dados, a maioria dos estudos anteriores relacionados com os efeitos do eclipse centrou-se nas variáveis meteorológicas da baixa atmosfera, como a temperatura do ar e do solo, a irradiância solar, a humidade, a velocidade e a direção do vento (Anderson et al., 1972; Antonia et al., 1979; Fernandez et al., 1993, 1996; Anderson, 1999; Hanna, 2000; Zanis et al., 2001; Zerefos et al., 2001). As mudanças nos fluxos de calor e momento na camada limite durante um eclipse são discutidas por Antonia et al., (1979) e Szalowski, (2002), enquanto Eaton et al., (1997) e Krishnan et al., (2004) forneceram evidências para a diminuição dos processos de turbulência. A formação de ondas de gravidade na atmosfera durante a passagem de um eclipse solar é discutida por (Chimonas e Hines, 1971; Singh et al., 1989; Zerefos et al., 2007). Existem poucos estudos de modelação sobre os efeitos meteorológicos durante os eclipses solares (Gross e Hense, 1999; Prenosil, 2000; Vogel et al., 2001; Founda et al., 2007). Foram efectuados poucos estudos sobre as alterações de temperatura na troposfera e na estratosfera durante o eclipse solar total, tanto através de medições diretas como de modelos (Ballard et al., 1969; Eckermann et al., 2007; Gerasopoulos et al., 2007). Poucos estudos são relatados sobre os efeitos do eclipse solar na estrutura térmica da troposfera e da estratosfera inferior usando medições por satélite (Wang e Liu, 2010) e poucos estudos relataram a temperatura do ponto frio (CPT) e a altura do CPT (CPH) durante o recente eclipse solar anular (Dutta et al., 2011; Subrahmanyam et al., 2011; Muraleedharan et al., 2011).

Os eventos de eclipse solar ao meio-dia sobre a região tropical atraem muita atenção devido aos vários efeitos na estrutura e dinâmica atmosféricas. A região tropical recebe fluxos de radiação solar significativamente maiores do que as latitudes médias e altas. No entanto, os estudos acima referidos centraram-se em diferentes partes do globo, utilizando diferentes sensores meteorológicos terrestres e espaciais. Até à data, não existem relatórios sobre a variação do perfil do vento e da temperatura no local de observação durante a fase máxima do eclipse solar. O presente estudo centra-se nas variações dos parâmetros meteorológicos desde a superfície até 30 km (troposfera e estratosfera) sobre o local de observação. Para o efeito, são utilizados dados da radiossonda Pisharoty Global Positioning System (GPS) e da estação meteorológica automática (AWS).

3.2. Dados e metodologia

Para estudar as variações dos parâmetros meteorológicos de superfície, utilizámos os dados recolhidos da estação meteorológica automática (AWS) instalada no observatório meteorológico do campus da universidade (Yogi Vemana University). A AWS mede os parâmetros meteorológicos de superfície, tais como a temperatura do ar, a humidade relativa, a pressão, a precipitação, a velocidade e a direção do vento de 4 em 4 minutos. Os dados do AWS de 14 a 16 de janeiro de 2010 foram analisados para captar o efeito do eclipse nos dias anteriores e posteriores (para além do dia do eclipse), de modo a poderem ser estudados os factores causais dessa variabilidade.

A fim de estudar o efeito do eclipse solar anular nos parâmetros atmosféricos sobre Kadapa (14.28^0 N, 78.42^0 E), foram planeadas observações especiais do ar superior utilizando as radiossondas GPS do Dr. Pisharoty (Subrahmanyam et al., 2011) antes, durante e após o dia do eclipse. A radiossonda GPS foi lançada de 3 em 3 horas durante os dias 12 a 18 de janeiro de 2010. Para o presente estudo, foram utilizados dados de dez voos de balões meteorológicos [um (11:30 1ST) em 12 de janeiro de 2010, quatro em 14 de janeiro de 2010 (08:30, 14:30 17:30 e 20:30 1ST) e cinco em 15 de janeiro de 2010 (08:30, 11:30, 14:30, 17:30 e 20:30 1ST)]. Uma vez que o balão lançado às 11:30 1ST nos dias 13 e 14 de janeiro de 2010 atinge uma altura máxima de 14 km, utilizámos o balão lançado às 11:30 1ST do dia 12 de janeiro de 2010 como perfil do dia de controlo. Em cada voo foram medidos os parâmetros atmosféricos importantes, como a humidade, a pressão, a temperatura e os ventos desde a superfície até 30 km de altura, com uma resolução altimétrica de cerca de 10 m (amostrados a intervalos de 2 segundos). Posteriormente, todo o conjunto de dados foi adequadamente interpolado para 100 m. Concebemos a experiência da radiossonda GPS para captar todo o comportamento do eclipse. Para o efeito, foi lançada uma subida às 08:30 1ST, antes do início do eclipse e outra subida às 11:30 1ST durante o seu vértice (atingiu a altura máxima) na altura da fase máxima do eclipse. Além disso, na fase final do eclipse solar, lançámos outro balão às 14:30 IST para compreender o comportamento do eclipse.

Para compreender a magnitude do efeito solar sobre Kadapa, os resultados da observação são comparados com o perfil de temperatura obtido a partir das sondas GPS do Dr. Pisharoty lançadas em Thumba, Trivandrum. A localização geográfica de Thumba está dentro da trajetória do eclipse solar anular. No total, foram lançados oito voos de balões meteorológicos com sondas Dr. Pisharoty às 08:00, 10:00, 12:30 e 14:20 1ST, quatro no dia de controlo (14) e quatro no dia do eclipse (15) de janeiro de 2010.

3.3 Descrição do eclipse solar de 15 de janeiro de 2010

Um eclipse solar anular ocorre quando o diâmetro aparente da Lua é menor do que o do Sol, fazendo com que o Sol pareça um anel, bloqueando a maior parte da luz solar. Um eclipse anular aparece normalmente como um eclipse parcial numa região com milhares de quilómetros de largura. O eclipse solar de 15 de janeiro de 2010 foi o mais longo eclipse solar anular (com uma magnitude de 0,92) do milénio e o mais longo até 23 de dezembro de 3043. Este eclipse solar anular do milénio teve uma amplitude máxima de 11 minutos e 2 segundos. A Figura 3.1 mostra o caminho da sombra da Lua durante o eclipse solar anular de 15 de janeiro de 2010. O eclipse começou na República Centro-Africana, atravessou o Cameron, a República Democrática do Congo e o Uganda, passou por Nairobi, no Quénia, e passou sobre o Oceano Índico, onde atingiu a sua maior visibilidade. Entrou depois nas Maldivas, onde foi o mais longo em terra, com 10,8 minutos visíveis. O eclipse anular em Malé, a capital das Maldivas, começou às 12:20:20 e terminou às 12:30:06 (hora local das Maldivas).

Em 15 de janeiro de 2010, assistimos ao mais longo eclipse solar anular sobre a região do subconteúdo indiano, como mostra a Figura 3.2. O eclipse anular começou às 11:04 IST e a anularidade começou a entrar na ponta do sul da Índia aproximadamente às 13:10 IST e a fase máxima da anularidade foi às 13:14 IST e o fim da anularidade foi às 13:17 IST. O fim do eclipse foi às 15:05 IST. A duração total da anularidade foi de 7 min e 16 s. O local de estudo, Kadapa, situa-se perto (< 300 km) do trajeto da totalidade. Começou às 11:23:38 IST e o máximo ocorreu às 13:28:51 IST e terminou às 15:14:09 IST com uma duração total de 3 horas 50 minutos e 31 segundos sobre Kadapa com obscurecimento de 76% às ~ 13:28 IST e é um dos locais perfeitos para observações. A Figura 3.2 mostra a trajetória do eclipse solar em 15 de janeiro de 2010 com os limites norte, central e sul, com base nos dados fornecidos por Espenak e Anderson, (2008). A linha sólida mostra a trajetória central do eclipse solar e a linha a tracejado mostra os limites norte e sul. O céu esteve limpo durante todo o evento e, por isso, o máximo do eclipse entre as 13:28 e as 13:34 IST, deu um efeito escuro de diminuição da intensidade da luz. O eclipse anular foi visível no sul da Índia e apareceu como um eclipse parcial no resto dos locais da Índia.

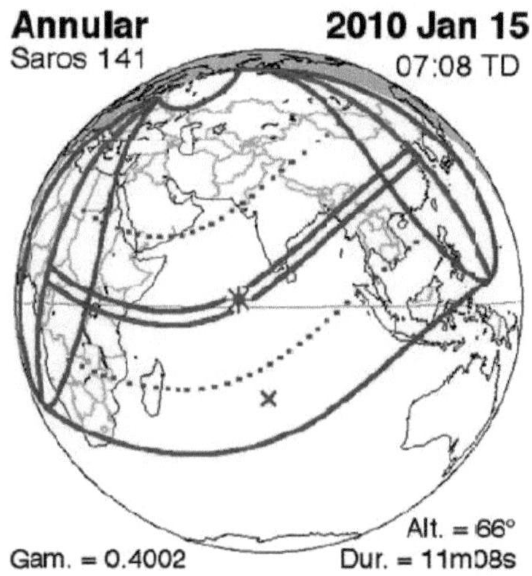

Figura 3.1 Trajetória do **eclipse** solar anular de **15** de janeiro de 2010 (Cortesia: http://eclipse.gsfc.nasa.gOv/OH/OH2010.html#SE2010Jan15A)

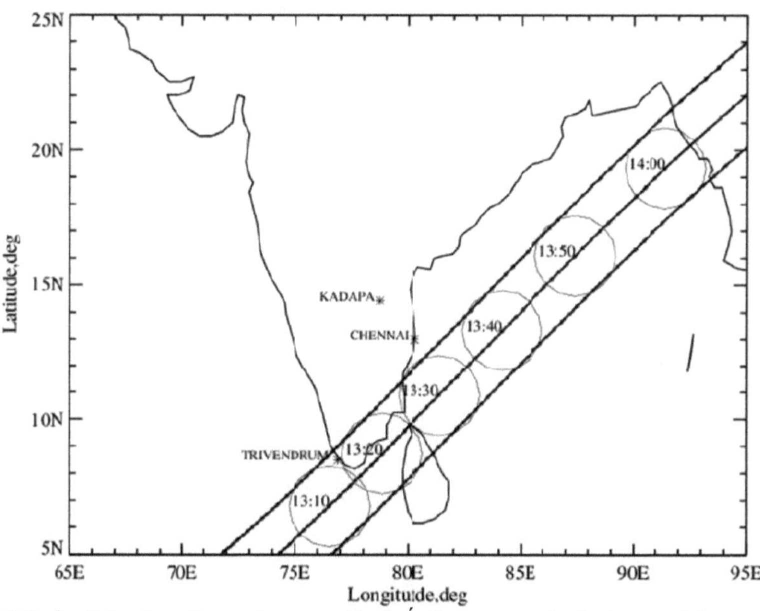

Figura 3.2 Trajectórias do eclipse solar na região da Índia, com resolução temporal de um minuto, e localização dos locais experimentais.

Este eclipse foi excecional por ter uma trajetória que atravessou massas terrestres densamente povoadas e por ser um eclipse de inverno, próximo do meio-dia. Por conseguinte, proporcionou uma oportunidade única para avaliar a influência em parâmetros meteorológicos como a temperatura do ar à superfície, a humidade relativa e a velocidade do vento, bem como o ozono à superfície (O_3) e o

NO$_x$.

3 .4 Variações de O3 e NOx durante o eclipse

As medições de O3, NO2 e NO foram efectuadas no campus da YVU no dia do eclipse solar e nos dias anteriores e posteriores ao dia do eclipse solar para compreender o efeito do eclipse. Os dias sem eclipse são designados aqui como dias de controlo. A Tabela 3.1 mostra as razões de mistura médias de O3 e NOx à superfície no dia do eclipse e nos dias normais.

Hora local	O3 médio (ppbv)		NOx (ppbv)	
Horas	Dias de controlo	Dia do eclipse	Dias de controlo	Dia do eclipse
10	34	32.5	2.7	2.6
11	38.85	38	2.6	2.3
12	42.65	38.8	2.5	3
13	46	36	2.9	4.2
14	45.6	33.9	2.7	4.5
15	44.9	34.9	2.4	4.6
16	43.4	36.2	2.7	3.4

Tabela 3.1 O3 e NOx à superfície observados durante o dia do eclipse solar e em dias normais.

A Figura 3.3 mostra as variações da radiação solar e da superfície O$_3$ no Campus da YVU, Kadapa, no dia do eclipse solar e nos dias de controlo (média de 14 e 16 de janeiro de 2010). O eclipse solar de 15 de janeiro de 2010 na YVU começou às 11:23 h, atingiu o máximo de cobertura solar às 13:28 h e terminou às 15:14 h. O início e o fim do eclipse solar estão assinalados com uma linha tracejada vertical e a fase máxima do eclipse solar está assinalada com uma linha sólida vertical na figura. Durante os dias de controlo, a razão de mistura de O$_3$ começa a aumentar nas horas da manhã, atinge o seu máximo durante as horas do meio-dia e depois diminui nas horas da noite. Este tipo de variação diurna do O$_3$ à superfície é uma caraterística típica de qualquer sítio rural (Oltmans e Levy, II., 1994; Kleinman et al., 1994). Em contraste com os dias de controlo, **observam-se rácios** de mistura de O$_3$ mais baixos durante o dia no dia do eclipse solar. A razão de mistura de O$_3$ começou a diminuir com o início do eclipse, atingindo um valor mínimo de 33,9 ppbv pouco depois do obscurecimento máximo e aumentando depois à medida que o eclipse evoluía para a sua fase final. As razões de mistura de O$_3$ diminuíram em cerca de 5,8 ppbv num período de **duas** horas e 30 minutos. A redução na eficiência da produção fotoquímica de O$_3$ devido à diminuição do fluxo solar pode ser a principal razão para o declínio observado no O$_3$ durante o eclipse solar.

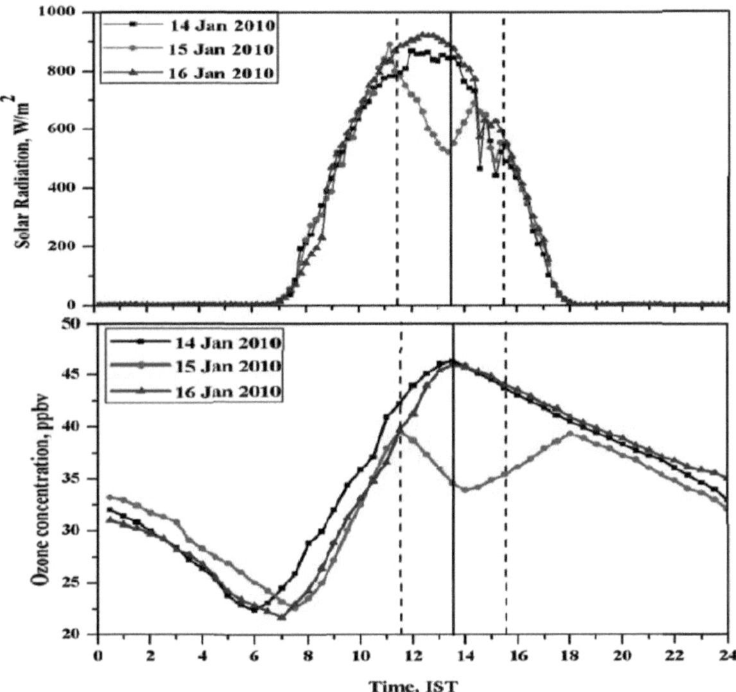

Figura 3.3 Variações **na** (a) radiação solar (b) superfície O₃ observadas durante o dia do **eclipse** solar e nos dias de controlo.

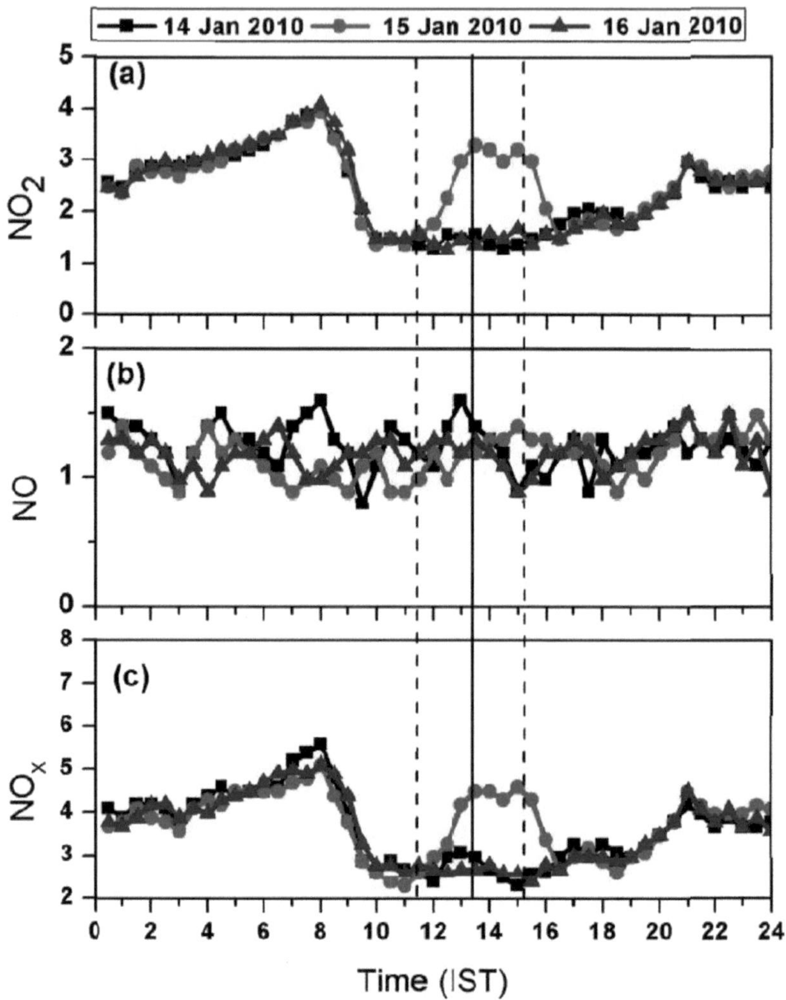

Figura 3.4: Variações de (a) NO_2 (b) NO e (c) NOx observadas durante o dia do eclipse solar e os dias de controlo.

A figura 3.4 (a-c) mostra as variações de NO_2, NO e NO_x no dia do eclipse solar e nos dias de controlo. Nos dias de controlo, observa-se que a razão de mistura de NOx e **NO_2** é **menor** durante o dia e maior durante a noite e as primeiras horas da manhã no Campus da YVU, Kadapa. Estas variações **diurnas** são o resultado das emissões locais, da química e da dinâmica da camada limite **neste** local. Pelo contrário, observa-se que os rácios de mistura de NOx aumentam gradualmente desde o início do eclipse, atingindo o seu valor máximo de 4,5 ppbv durante a fase de obscurecimento máximo do eclipse e diminuindo depois disso até ao fim do eclipse. Estima-se que o aumento da razão de mistura de NOx seja de 36,6% durante a fase máxima do eclipse. O aumento da razão de mistura do NOx

30

durante o período do eclipse pode ser atribuído à redução da taxa de fotólise do NO_2, uma vez que os níveis de NO observados não mostraram qualquer alteração significativa durante todo o período do eclipse solar.

Hora local	Radiação solar (W/m²)		O3 (ppbv)		NOx (ppbv)	
	diferença	Percentagem	diferença	Percentagem	diferença	Percentagem
10	5	0.76	-2	-6.15	-0.1	-3.84
10.5	-32.5	-4.48	-0.9	-2.56	-0.45	-18.75
11	37	4.4	-0.85	-2.23	-0.35	-15.21
11.5	-60	-7.69	-1.35	-3.4	-0.1	-3.84
12	-165	-22.91	-3.85	-9.92	0.45	15
12.5	-291	-48.5	-7.2	-19.25	0.5	15.15
13	-323.5	-58.81	-9.75	-27.08	1.3	30.95
13.5	-309.5	-56.27	-11.55	-33.38	1.65	36.66
14	-171.5	-27.66	-11.9	-35.10	1.75	38.88
14.5	140	21.21	-11.1	-32.45	1.75	40.69
15	-51	-9.55	-9.85	-28.22	2.15	46.73
15.5	20	3.69	-8.55	-24.15	1.5	41.86
16	-2.5	-0.5	-7.15	-19.75	0.7	20.58

Tabela 3.2 Alterações observadas na radiação solar, O_3 e NO_x durante o eclipse solar em comparação com os seus valores imediatamente antes do eclipse.

As alterações induzidas pelo eclipse solar no fluxo solar total, O_3 e NO_x são calculadas de meia em meia hora em relação aos valores observados imediatamente antes do início do eclipse e são apresentadas no quadro 3.2. Observa-se que a redução do fluxo solar é de cerca de 56%, enquanto a da razão de mistura de O_3 é de cerca de 33%. Em relação ao mesmo eclipse, Sharma et al. (2010) utilizaram as observações extensivas de O_3 e precursores em Thiruvananthapuram (8,6⁰N, 76,8⁰E, 3m amsl) num ambiente relativamente poluído perto da cidade (0,5 km da autoestrada nacional, NH 47) ~ 6 km da costa e registaram uma diminuição de 50,2% em O_3 durante 92% de obscurecimento solar. Também registaram uma diminuição de 69% no NO2 **durante** o período do eclipse. **Os** valores observados de todas estas espécies foram mais elevados do que os registados nos locais costeiros. Também observaram um aumento do NO associado à redução do O3 **induzida** pelo **eclipse** (de ~20 ppb), o que é atribuído a efeitos de fonte.

3.5 Variação dos parâmetros meteorológicos durante o eclipse

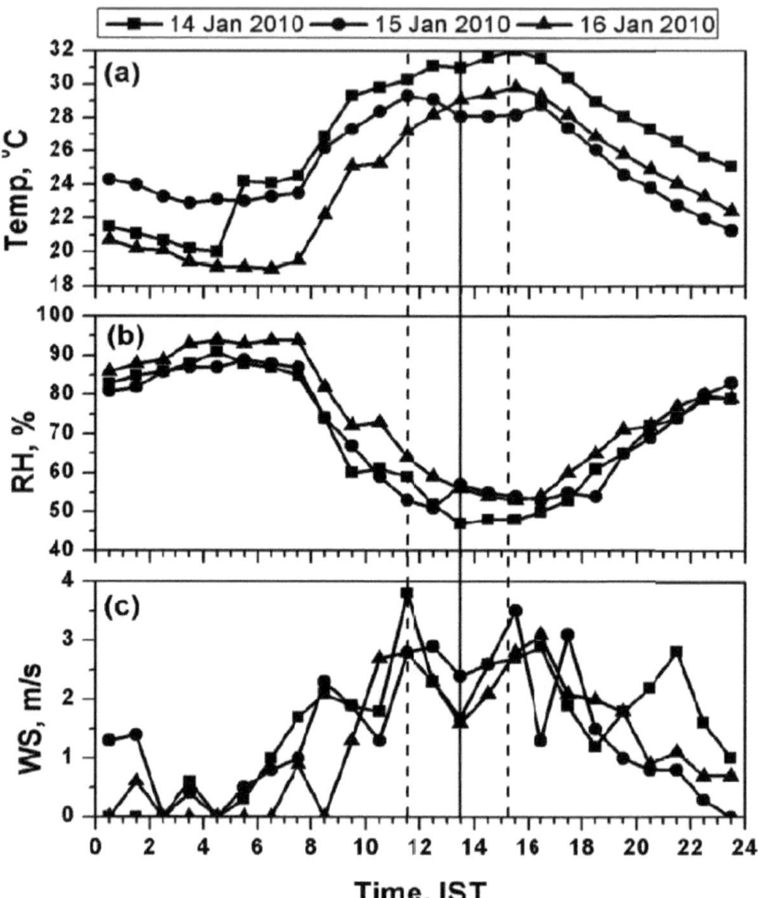

Figura 3.5 Variações (a) da temperatura do ar, (b) da humidade relativa e (c) da velocidade do vento observadas durante o dia do eclipse e os dias de controlo

Os efeitos do eclipse solar também são observados nos parâmetros meteorológicos. As variações de temperatura, humidade relativa e velocidade do vento observadas nos dias de controlo e de eclipse são apresentadas na Figura 3.5.

A Figura 3.5(a) mostra a variação diurna da temperatura média horária do ar nos dias 14, 15 e 16 de janeiro de 2010. Nos dias 14 e 16 de janeiro de 2010, a temperatura apresenta o padrão diurno normal com temperatura máxima de 32^0C e 29.8^0C respetivamente às 15:30 1ST. No entanto, em 15 de janeiro de 2010, observou-se um declínio típico na temperatura do ar à superfície de 1-6°C durante e após o período do eclipse, em comparação com 14 e 16 de janeiro de 2010. Na fase máxima do eclipse solar, a temperatura diminuiu para $\sim 28^0$ C e é mais baixa do que as temperaturas em 14 e 16 de janeiro de 2010. O eclipse solar anular do milénio ocorreu em 15 de janeiro de 2010 e o obscurecimento máximo em Kadapa foi a meio da tarde, por volta das 13:28 1ST, onde a temperatura do ar e a atividade turbulenta eram normalmente elevadas. A humidade relativa [Figura 3.5 (b)] mostra um aumento durante o eclipse em comparação com o seu valor antes do eclipse. Mudanças dramáticas na radiação solar e na temperatura também levam a mudanças na velocidade do vento durante o eclipse. Observa-se que a velocidade do vento é maior durante o eclipse do que antes do eclipse no campus da YVU, Kadapa, o que pode estar relacionado com o arrefecimento atmosférico e a estabilização da camada limite atmosférica (Founda et al., 2007; Tzanis et al., 2008). Devido ao corte da radiação, a temperatura e a velocidade do vento também foram significativamente afectadas. No campus da YVU, a temperatura diminuiu 1,2°C e 2,1°C, respetivamente, com desfasamentos de 13 e 25 minutos. A velocidade do vento aumentou 2,4 m/s durante a fase máxima do eclipse solar em Kadapa, em comparação com o valor de 1,6 m/s registado no dia anterior e no dia seguinte. Estas alterações nos parâmetros meteorológicos também induzem perturbações na fotoquímica do o_3. Além disso, os processos da camada limite podem também ter sido afectados durante o período do eclipse.

3.6 Observações de radiossondas GPS

3.6.1 Efeitos do eclipse solar em várias camadas atmosféricas

A figura 3.6 e o quadro 3.3 apresentam os pormenores dos voos de balão lançados para compreender os eventos do eclipse solar de 15 de janeiro de 2010. Vinte e um voos de balões meteorológicos transportando sondas Pisharoty de 12 de janeiro de 2011 a 18 de janeiro de 2011. A 14 e 15 de janeiro de 2011, lançámos os balões meteorológicos de três em três horas, ou seja, às 02:30, 05:30, 08:30, 11:30, 14:30, 17:30, 20:30 e 23:30. Em cada voo foram medidos os parâmetros atmosféricos importantes, como a humidade, a pressão, a temperatura e o vento, **desde a** superfície até ~ 30 km de altitude.

Data	Sonda GPS Hora de lançamento (horas, 1ST)								N.º de lançamentos por dia
	02:30	05:30	08:30	11:30	14:30	17:30	20:30	23:30	
12-01-2010	-	-	-	Sim	--	Sim	--	--	2
13-01-2010	-	-	-	Sim	-	Sim	--	--	2
14-01-2010	-	-	Sim	-	Sim	Sim	Sim	Sim	5
15-01-2010	Sim	Sim	Sim	Sim	Sim	Sim	Sim	--	7
16-01-2010	-	-	-	-	--	Sim	--	Sim	2
17-01-2010	-	Sim	-	-	--	Sim	Sim	--	3
18-01-2010	-	Sim	-	-	--	--	--	--	1

Tabela 3.3 Sonda GPS lançada durante a campanha do eclipse solar (12 - 18 Jan 2010)

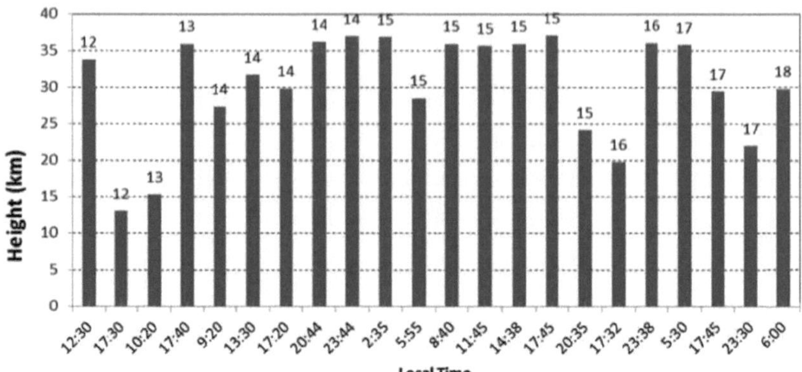

Figura 3.6 Cobertura temporal e vertical da altura da sonda **GPS** durante o eclipse solar anular de janeiro de 2010. A data é indicada acima da barra.

Quando **são** efectuadas medições com balões, especialmente durante os períodos de eclipse solar, é essencial saber onde os balões estão a voar em termos de altitudes e coordenadas geográficas em relação ao tempo. As Figuras 3.7 (a) e 3.7(b) (painéis superiores) mostram a hora (Tempo Universal, UT) versus **latitude** e longitude, respetivamente, dos balões lançados em 15 de janeiro de 2010 sobre **Kadapa** e, de forma semelhante, as Figuras. 3.7(d) e 3.7(e) para as coordenadas da trajetória do eclipse. Pode **observar-se** que 14,45 °N-14,65°N e 78,65°E-78,95°E são os intervalos de latitude e **longitude** respetivamente cobertos pelo voo da **radiossonda**, que são valores muito pequenos, pelo que se podem considerar como coordenadas únicas de latitude e longitude centradas em 14,5°N e 78,8°E respetivamente.

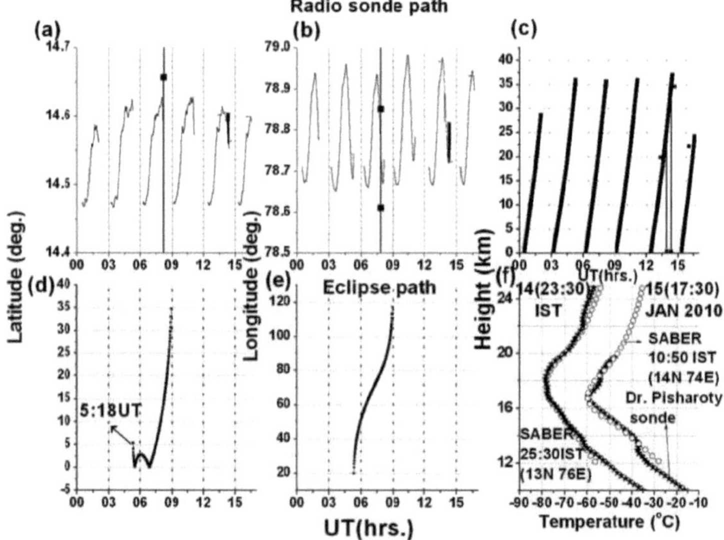

Figura.3.7 (a), (b) e (c) **Coordenadas** de latitude, longitude e alturas, respetivamente, de cinco

34

trajectórias da radiossonda GPS lançada sobre a estação tropical indiana de Kadapa em 15 de janeiro de 2010. (d) e (e) são as mesmas que (a) e (b), respetivamente, mas para a trajetória do eclipse e (c) para a comparação da temperatura medida pela **radiossonda** e pelo instrumento SABER a bordo do satélite TIMED.

No entanto, o caminho do eclipse solar é maior, cobrindo os intervalos de latitude de~ [1(o)]S- 35°N e os intervalos de longitude de ~20°-110°E. Os tempos de cruzamento do eclipse são marcados como símbolo quadrado preenchido nas Figuras 3.7(a) e 3.7(d) **para** que se possa verificar os tempos de cruzamento (~7UT) da **radiossonda** e do caminho do **eclipse**. A Figura 3.7(c) mostra os intervalos de altura dos balões, com todos os balões a tocarem a altura mínima de 25 **km** e quatro balões a tocarem a altura máxima **de** 36 km. **Para** verificar a fiabilidade das medições **de temperatura** feitas com estas **sondas**, a Figura 3.7 (f) compara **as** observações de temperatura feitas **pelas** sondas e o instrumento SABER a bordo **do** satélite TIMED (Russell et al., 1999). É claro que a temperatura medida pelas radiossondas às 18:00 UT (23:30 Indian Standard **Time**, 1ST) e 12:00 UT (17:30 1ST) em 14 e 15 de janeiro de 2010, respetivamente, concordam bem **com** as medições correspondentes feitas pelo **instrumento** SABER às 20:00 UT e 05:20 UT (10:50 IST), respetivamente.

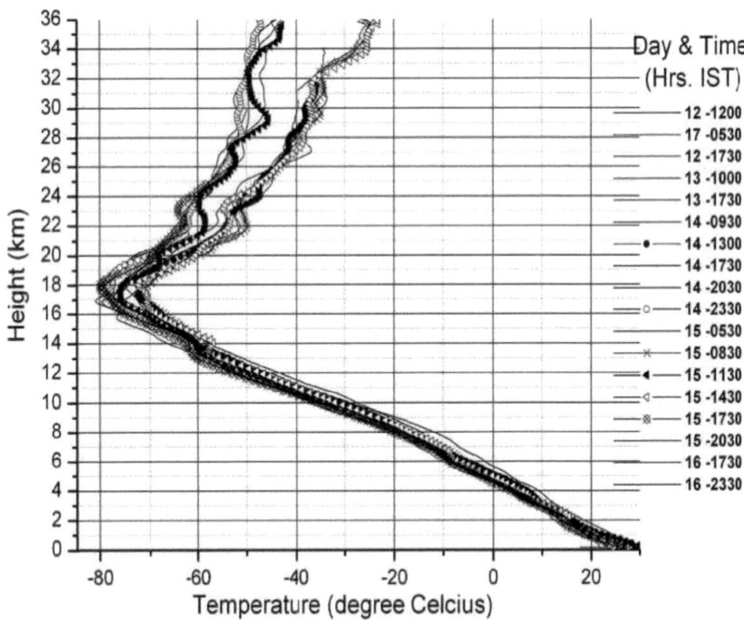

Figura 3.8 Perfis verticais de temperatura durante a campanha do eclipse solar de 15 de janeiro de 2010. Perfis de altura (0-36 km) da temperatura (°C) medidos por radiossondas GPS em várias horas locais de 12-17 de janeiro de 2010.

A Figura 3.8 mostra os perfis de temperatura em altura (0-36 **km**) medidos em várias horas locais

(1ST) em Kadapa nos dias 12, 13, 14, 15, 16 e 17 de janeiro de 2010. Pode-se notar que dois conjuntos de perfis de altura são claramente visíveis acima de cerca de 16 km. O conjunto de perfis pertencentes à temperatura mais baixa (grupo da esquerda) está associado aos balões lançados entre a noite (~16:00 IST) e a manhã (06:00 IST) e o outro conjunto (grupo da direita) está associado aos restantes períodos durante o dia.

A diferença de temperatura entre o dia e a noite varia entre alguns Kelvins a ~14 km e ~15 K a ~36 km. É de notar aqui que as radiossondas importadas utilizam por vezes técnicas baseadas na capacitância para determinar a temperatura atmosférica que é acordada nas latitudes médias-altas. No entanto, na região tropical, onde a humidade associada à convecção é dominante, as técnicas baseadas na capacitância podem não dar sempre valores corretos da temperatura. No presente relatório, são utilizados os dados de temperatura obtidos a partir dos sensores indígenas e baseados em resistência (sondas Dr. Pisharoty). No futuro, planeia-se levar a cabo uma pesquisa detalhada neste sentido de que tipo de sensores são mais apropriados para determinar a temperatura atmosférica na região tropical. Na Figura 3.8, dois perfis obtidos às 13:00 IST e às 23:30 IST do ^{dia} 14 de janeiro estão marcados com círculos cheios e abertos, respetivamente, para distinguir entre os valores diurnos e noturnos da temperatura atmosférica. Claramente, os perfis diurnos e noturnos estão localizados nos grupos de perfis do lado esquerdo e direito, respetivamente, para as alturas acima de cerca de 15 km. No dia 15 de janeiro de 2010, dia do eclipse solar anular a meio do dia, os perfis marcados com uma cruz, triângulos preenchidos e abertos e símbolos de dupla cruz medidos às 08:30, 11:30, 14:30 e 17:30 IST caem nos grupos de perfis diurnos, noturnos, diurnos e noturnos, respetivamente. O perfil medido às 11:30 IST durante a hora do eclipse solar e cai claramente nos grupos de tempo noturno, indicando claramente que ocorreu um arrefecimento significativo em toda a gama de alturas desde o solo até aos 36 km. Nas alturas mais baixas, até 15 km, o arrefecimento é de poucos Kelvin e depois aumenta gradualmente até atingir o máximo de ~15 Kelvin na altura mais elevada de 36 km. Esta observação mostra que o arrefecimento induzido pelo eclipse solar anular em toda a atmosfera, desde as alturas mais baixas até aos 36 km, sobre a estação tropical indiana de Kadapa, é semelhante à diferença de temperatura normal registada entre as horas normais do dia e da noite (figura da temperatura determinada pelo radar MST não apresentada aqui).

As radiossondas GPS lançadas em 14 e 15 de janeiro de 2010 foram analisadas para captar os efeitos induzidos pela temperatura e os efeitos retardados do eclipse, de modo a investigar os factores causadores dessa variabilidade. A Figura 3.9(a) mostra os perfis verticais da temperatura às 08:30, 11:30, 14:30, 17:30 e 20:30 IST de 14 e 15 de janeiro de 2010. A linha escura representa o perfil de temperatura de 15 de janeiro de 2010 e a linha **fina** representa o perfil de temperatura de 14 de janeiro de 2010. Cada perfil vertical é deslocado em 10^0 C para maior clareza. Na região da troposfera **a** temperatura é quase estável, mas na região da estratosfera a temperatura é altamente **instável**. Além disso, a inversão de temperatura é de cerca de 13 km na maioria dos perfis.

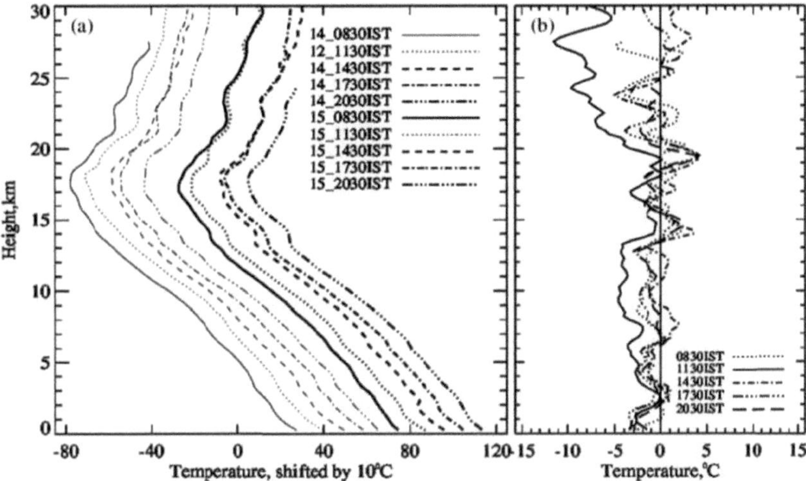

Figura 3.9 (a) Perfis verticais da temperatura em 14 (linhas finas) e 15 (linhas grossas) de janeiro de 2010. Cada perfil está **deslocado** de 10^0C. (b) Perfis verticais da diferença de temperatura de 14 e 15 de janeiro de 2010.

No entanto, na região da estratosfera, os perfis **das 17**:30 IST de **14** e 15 de janeiro de 2010 sobrepõem-se ao perfil das 14:30 IST do respetivo dia. Isto pode dever-se ao efeito noturno (transição para a noite) no inverno do hemisfério norte. Mas **o** perfil das 11:30 IST de 15 de janeiro de 2010 sobrepõe-se ao perfil das 08:30 **IST do** mesmo dia. Para explicar as alterações de temperatura no dia do **eclipse em relação ao** dia de controlo, os perfis no dia do eclipse são subtraídos do perfil correspondente no dia de controlo e os perfis de diferença de temperatura são apresentados **na** Figura 3.9(b). Nestes perfis, os valores positivos indicam aquecimento e os valores negativos indicam arrefecimento para os perfis de diferença de temperatura. As diferenças de temperatura até -30 km são algo semelhantes em todos os perfis, exceto no perfil 11:30 1ST. No **perfil** 11:30 1ST, observa-se uma ligeira diminuição da temperatura (arrefecimento) na troposfera inferior (a partir de ~2 km) e uma diminuição acentuada a partir de -20 km, atingindo um pico **a** -27 km (arrefecimento máximo de - 12^0C).

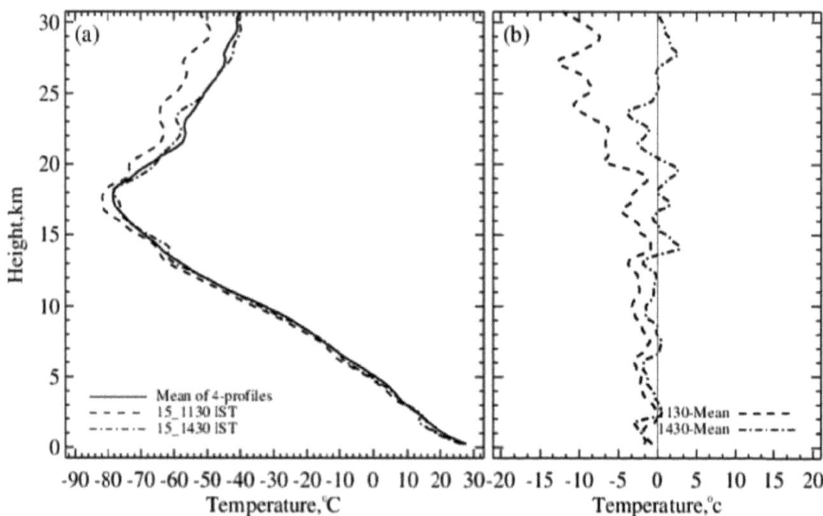

Figura 3.10 (a) Perfis **verticais** de temperatura **observados** em 15 de janeiro de 2010 com o tempo de subida do balão meteorológico. (b) Perfis de diferença de temperatura média às 11:30 1ST e 14:30 1ST.

Para determinar a variação da temperatura em pormenor, considera-se a média do dia de controlo (aqui, o dia de controlo inclui apenas os perfis das 08:30, 11:30 e 14:30 1ST) e o perfil das 08:30 1ST do dia do eclipse, que são apresentados com uma linha sólida na Figura 3.10 (a). O perfil médio acima (indicado com uma **linha** sólida) não inclui os perfis das 17:30 1ST e 20:30 1ST (uma vez que estes conduzem ao efeito noturno). **Juntamente** com o perfil médio, foram também desenhados os perfis das 11:30 1ST (linha **tracejada**) **e** das 14:30 1ST (linha tracejada) no dia do eclipse para comparação. **Pode** observar-se na Figura 3.10(a) **que a temperatura** do perfil das 11:30 IST está a **desviar-se** totalmente do perfil da temperatura média e indica um **arrefecimento** de 15 km a 30 **km** em comparação com o perfil médio. Após a fase máxima do eclipse solar (14:30 IST), o perfil de temperatura recuperou os seus valores e seguiu o perfil de temperatura média com pequenos desvios em torno de 20-25 km (arrefecimento) e 27-30 (aquecimento) km. Para encontrar as variações de temperatura entre o perfil médio e os perfis **do eclipse**, subtraímos o perfil médio do perfil das 11:30 IST (linha tracejada) e das **14**:30 IST (linha tracejada), que é mostrado na Figura 3.10 (b). O efeito de arrefecimento é observado **desde a** superfície até 30 km. Este efeito de arrefecimento não é uniforme em todo o perfil; de 0 a 14 km, a temperatura diminuiu cerca de ~2-4^{0}C e até ~2- 14oC de redução de temperatura foi observada entre 15 e 30 km. O arrefecimento máximo é observado a 27 km com um valor **de** 14^{0}C. Mas o perfil subtraído das 14:30 IST não mostra muita variação como no **caso** do perfil das 11:30 **IST**. E este perfil seguiu a linha de zero graus com pequenos desvios de arrefecimento e aquecimento entre diferentes níveis de altura.

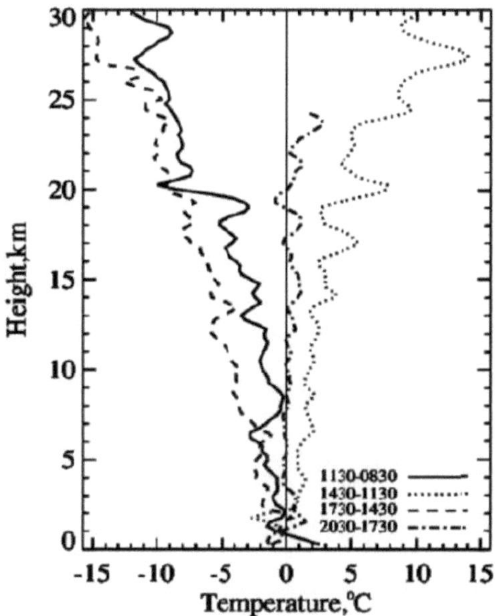

Figura 3.11 Perfis de temperatura subtraídos de 15 de janeiro de 2010.

Para explicar a variação de temperatura no dia do eclipse, subtraímos os perfis de temperatura do dia **do eclipse** [Figura 3.11]. O perfil das 08:30 **IST** é subtraído do perfil das 11:30 IST mostrado como linha sólida. Este perfil apresenta um forte desvio negativo em relação à linha de zero graus. O perfil das 11:30 IST é subtraído do perfil das 14:30 IST (mostrado como **linha** pontilhada). Este perfil desviou-se fortemente para positivo da linha de zero graus. O perfil das 14:30 **IST** é **subtraído** do perfil das 17:30 IST mostrado como linha tracejada. Este perfil está negativamente desviado da linha de zero graus. E, finalmente, o perfil das 17:30 IST é subtraído do perfil das 20:30 IST mostrado como linha tracejada. Este perfil não está muito desviado da linha de zero graus. Assim, podemos dizer que a condição do eclipse solar é a mesma que a condição de um efeito **noturno** normal.

3.6.2 Comparação entre os dados de Kadapa e Trivandrum

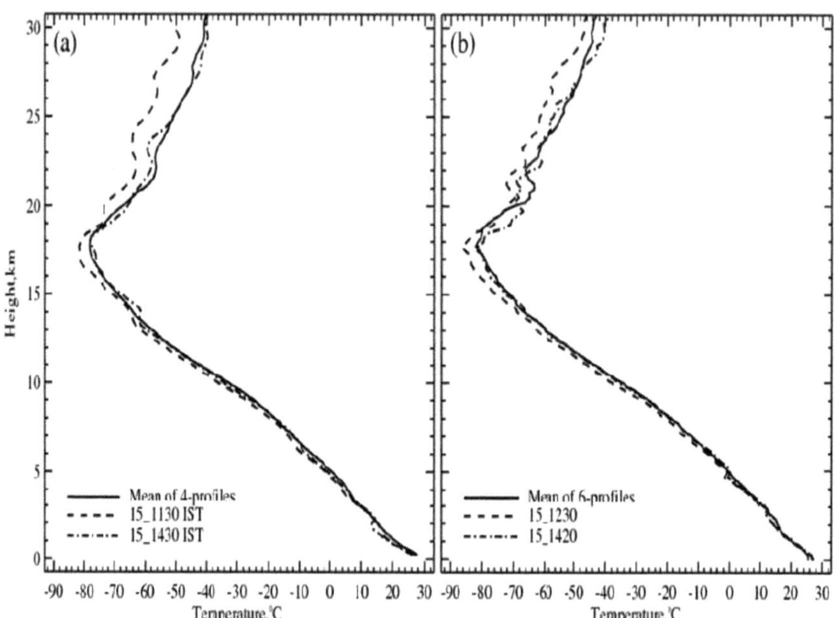

Figura 3.12 (a) Perfis verticais de **temperatura** observados em 15 de janeiro de 2010 sobre (a) Kadapa e (b) Trivandrum

Comparámos os perfis de temperatura em Kadapa e Thumba para conhecer as variações na estrutura térmica da atmosfera devido ao eclipse solar anular. A localização de Thumba está dentro do caminho do eclipse solar anular, enquanto Kadapa está a 100 km de distância do caminho do eclipse solar anular. A Figura 3.12(a) & (b) mostra o perfil de temperatura sobre Kadapa e Thumba. Os perfis médios e os perfis do dia do eclipse mostram uma tendência semelhante com pequenas variações nas duas estações. No dia do eclipse, o perfil das 11:30 IST de Kadapa e o perfil das 12:30 IST de Thumba desviam-se muito (negativamente) na troposfera superior e na estratosfera inferior em relação ao perfil médio, porque se encontram na fase máxima do eclipse solar. Além disso, o perfil de temperatura das 11:30 IST de Kadapa apresenta mais desvios do perfil médio do que o perfil de temperatura das 12:30 de Thumba. Os perfis de temperatura das 14:30 IST de Kadapa e das 14:20 IST de Thumba são os perfis após a conclusão da fase máxima do eclipse solar. Em ambas as estações, os perfis de temperatura seguiram o perfil médio com pequenos desvios. Aqui, pode-se notar que os perfis de temperatura voltam aos seus perfis originais após a conclusão da fase máxima do eclipse.

Para observar os desvios do perfil médio, subtraímos o perfil de temperatura médio de cada perfil de temperatura. Os perfis resultantes são apresentados na Figura 3.13 (a) e (b). Aqui, os valores negativos mostram o efeito de arrefecimento, enquanto os valores positivos mostram o efeito de aquecimento. O perfil de temperatura das 11:30 IST sobre Kadapa mostrou o arrefecimento máximo comparado com o perfil de temperatura das 12:30 IST sobre Thumba. O arrefecimento máximo foi observado em duas estações: ~ 12⁰C sobre Kadapa a 27 km e 10⁰C a 22 km sobre Trivandrum, respetivamente. Em torno de 16 km, observámos o efeito de aquecimento de cerca de ~ 2⁰C às 12:30 IST sobre Thumba, enquanto que em Kadapa não encontrámos este aquecimento. Em ambas as estações, os perfis de temperatura das 14:30 e 14:20 IST mostraram os desvios mínimos. Aqui observámos o efeito de aquecimento em ambas as estações na estratosfera inferior e este efeito de aquecimento é maior em Thumba do que em Kadapa. Também observámos que o perfil de temperatura sobre Thumba mostrou flutuações máximas em torno de 15 a 20 km.

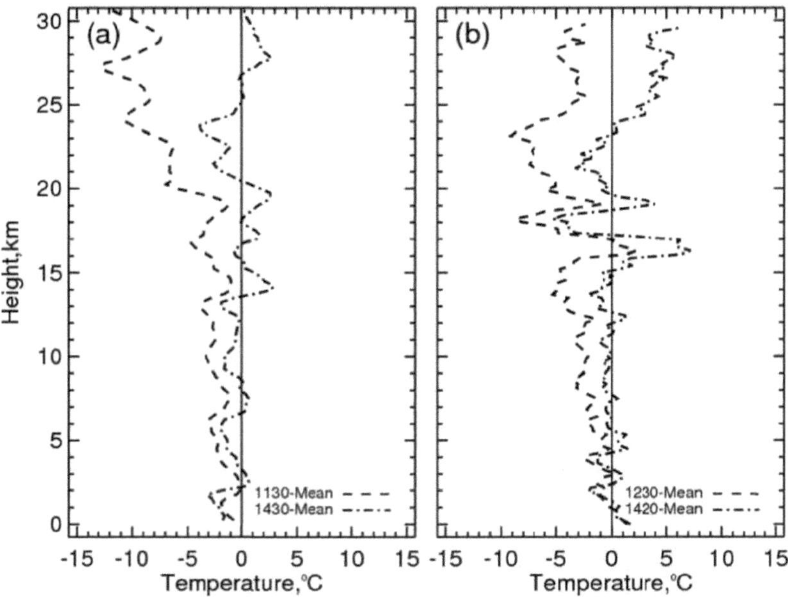

Figura 3.13 (a) Perfis da diferença de temperatura média às **11**:30 IST **e** 14:30 IST sobre Kadapa, (b) Perfis da diferença de temperatura média às 12:30 IST e 14:20 IST sobre Trivandrum.

Para determinar as variações nos perfis de temperatura no dia do eclipse em duas estações, subtraímos o perfil de temperatura das 08:30 IST das 11:30 IST, 11:30 IST das 14:30 IST, 14:30 IST das 17:30 IST & 17:30 IST das 20:30 IST em Kadapa e das 08:00 IST das 10:00 IST, 10:00 IST **das** 12:30 IST e 12:30 IST das 14:20 IST em Thumba e os perfis resultantes são mostrados na Figura 3.14 (a) & (b) respetivamente. Durante o eclipse (11:30 e 12:30 IST), os perfis de ambas as estações mostram um efeito de arrefecimento. No entanto, o perfil do tempo do eclipse sobre **Kadapa** mostra um arrefecimento maior em comparação com Thumba. Além disso, os perfis de temperatura das 14:30 (**Kadapa**) e 14:20 (Thumba) IST em ambas as estações mostraram o efeito **de aquecimento**. Aqui também observámos o aquecimento máximo em Kadapa do que em Thumba. **No entanto**, os perfis sobre Thumba mostraram as flutuações e estas flutuações não são **observadas** sobre **Kadapa**.

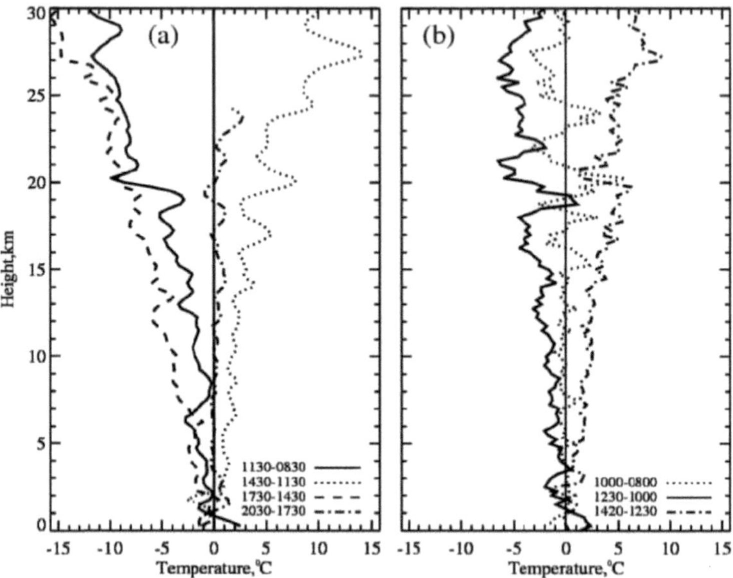

Figura 3.**14** Perfis de temperatura subtraídos de 15 de janeiro de 2010 (a) Kadapa (b) **Trivandrum**

3.6.3 Variações da Tropopausa durante o Eclipse Solar

Para explicar a variação da tropopausa durante o eclipse solar, traçámos as variações diurnas da altura da **Tropopausa** do Ponto Frio (CPH) e da Temperatura do Ponto Frio (CPT) no dia do eclipse e no dia de controlo [apresentado na Figura 3.15(a) e 3.15(b)]. A partir da Figura 3.15(b) podemos observar as variações **diurnas** na **CPT** no dia de controlo e no dia do eclipse. A partir da Figura 3.15(b) podemos notar que **a temperatura** da CPT varia como **no** dia de controlo, mas no momento do obscurecimento máximo, a CPT desce $\sim$0,5^{0}C em comparação com a do **dia** de controlo. Depois disso, a temperatura aumenta **como** no dia de controlo e segue o dia de controlo, mas à hora de 17:30 1ST **a temperatura** desce $\sim$2^{0}C e segue o padrão diurno. Verifica-se que o CPH desce $\sim$1100 m, e $\sim$300m às 11:30 e 14:30 1ST [Figura 3.15(a)], **respetivamente**. Após o eclipse solar, o CPH aumentou e seguiu o dia de controlo, mas a altura do CPT às 17:30 IST não diminuiu tanto como no dia de controlo.

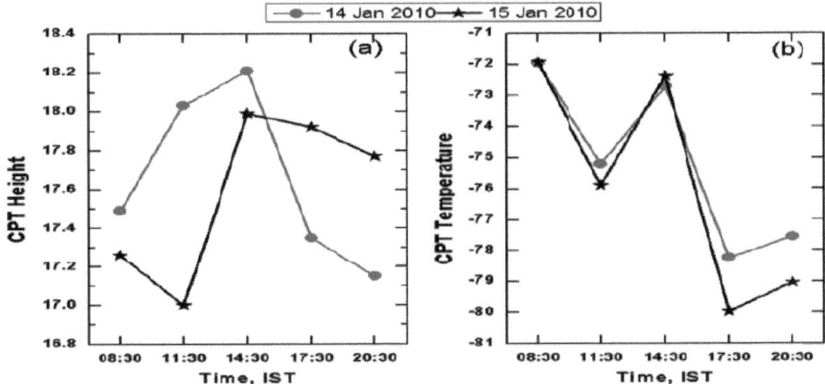

Figura 3.15 Variações de (a) temperatura e (b) altura do CPT no dia do eclipse (15 de janeiro) e nos dias de controlo (14 de janeiro).

3.7 Efeitos do eclipse solar induzidos nas circulações de Walker e Hadley

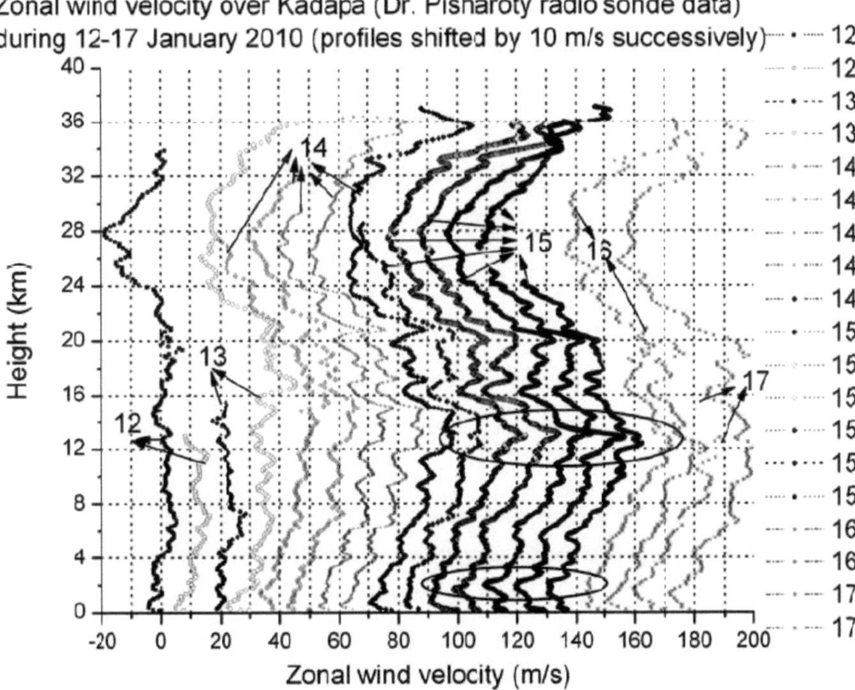

Figura 3.16 **Perfis** temporais e em altura (0-36 km) da velocidade do vento zonal medidos pelas radiossondas GPS correspondentes **aos** perfis de temperatura representados na Figura 3.8. Cada perfil é deslocado em 10m/s.

É interessante notar que o **eclipse** solar **anular** não só influenciou a temperatura atmosférica como também influenciou significativamente os ventos de grande escala associados à circulação zonal de

Walker e à circulação meridional de Hadley. É sabido que, em geral, durante o inverno setentrional, a velocidade do vento meridional associada à circulação de Hadley é de norte na baixa troposfera **tropical setentrional** e de sul na alta troposfera, **sendo** os seus valores máximos normalmente de ~ 3 km e ~ 14 km, **respetivamente** (Krishnamurti et al., 1973; Krishnamurtti, 1971). Devido à convergência em grande escala dos ventos alísios, da humidade e **do calor** associados à convecção na zona ITCZ, a parte ascendente e ascendente da circulação de Hadley estará localizada na **região** tropical sul durante o inverno setentrional.

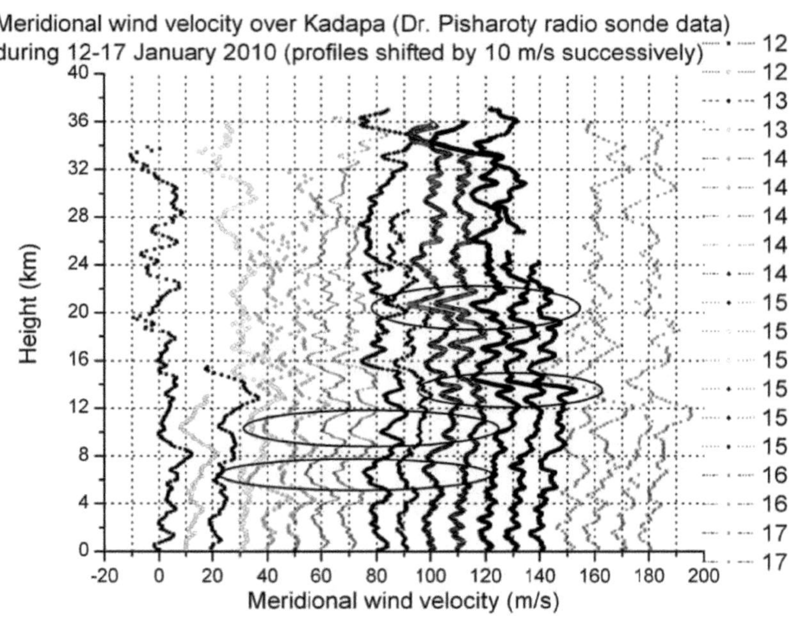

Figura 3.17 Igual à Figura 3.16, mas para a velocidade do vento meridional. Cada perfil é deslocado em 10m/s.

Durante estes períodos, sobre a região tropical indiana, a velocidade do vento **zonal** associada à circulação de Walker de grande escala será de leste e de oeste na baixa e na alta troposfera, respetivamente, com alturas de pico semelhantes às dos ventos meridionais. As flutuações na intensidade das circulações de Walker e Hadley podem ser notadas facilmente se observarmos as variações do vento nas alturas de pico da circulação de ~4 e ~14 km. Como todas as partes das regiões de circulação estão ligadas umas às outras nas circulações de Walker e Hadley, basta observar as variações na intensidade destas circulações em qualquer local perto da região perturbada. Se as intensidades forem aumentadas devido ao eclipse solar na região tropical, então podem ser observadas maiores velocidades do vento de leste (norte) e de oeste (sul) associadas às circulações de Walker

(Hadley) nestas alturas de ~4 e ~14 km. As Figuras 3.16 e 3.17 mostram os perfis de altura das velocidades do vento zonal e meridional, respetivamente, correspondentes aos perfis de temperatura da Figura 3.8. Aqui, o aumento distinto das velocidades do vento de leste e de oeste em ~5 m/s a ~2 km e ~8 m/s a ~13 km, respetivamente (marcado pelo arredondamento destas alturas com linhas pretas) indica que a circulação de Walker de grande escala Este-Oeste se fortaleceu devido às longas trajectórias meridionais e zonais do eclipse solar que ocorreram durante cerca de 3 horas durante o dia. A circulação de Walker continuou em estado de reforço até à meia-noite do dia do eclipse solar, apesar de o eclipse ter deixado a Terra às 9 UT (14:30 hrs. 1ST) de 15 de janeiro de 2010. Correspondendo à velocidade do vento zonal, a velocidade do vento meridional [Figura 3.17] mostra um aumento nas velocidades do vento de sul e de norte de ~5 m/s a ~13 km e de alguns m/s a ~2 km, respetivamente (marcado pelo arredondamento destas alturas com linhas pretas). Além disso, o vento meridional mostra um aumento distinto da velocidade para sul de cerca de 10 m/s a 21 km e a velocidade de excursão para sul de cerca de 5 m/s observada a 7 e 11 km a 14 desapareceu a 15 e 16 de janeiro. Em geral, o vento meridional mostra mais variações em quase todas as gamas de altura durante o eclipse solar e nos dias seguintes. Nunca foram registadas variações tão grandes nos ventos atmosféricos associadas a eventos de eclipse solar.

3.7 Espectro de potência Wavelet das flutuações de temperatura

A fim de encontrar as ondas induzidas pelo eclipse na atmosfera, aplicou-se a transformada de wavelet contínua (CWT) aos perfis do dia de controlo e do dia do eclipse (08:30, 11:30 e 14:30). A CWT é uma ferramenta poderosa para compreender os fenómenos geofísicos nos domínios da frequência e do tempo, simultaneamente. Uma descrição completa da CWT é dada por Farge, (1992) e Torrence e Compo, (1998). O software escrito em IDL, fornecido por Torrence e Compo, (1998), foi utilizado para a presente análise e a wavelet morlet ($w_0 = 6$), que é uma onda plana modulada por uma Gaussiana, foi utilizada como wavelet mãe. Os espectros de Fourier também foram calculados para comparação. Os gráficos wavelet do perfil do dia de controlo mostram o mesmo fenómeno, mas os perfis do dia do eclipse mostram alguma variação em relação aos dias de controlo. No presente estudo, mostramos os escalogramas para os perfis das 11:30 no dia de controlo e os perfis das 08:30, 11:30 e 14:30 no dia do eclipse nas Figuras 3.18 (a)-(d) em vez de todos os perfis, porque todos os perfis do dia de controlo não mostram muita variação, e também não incluímos os perfis noturnos do dia de controlo e do dia do eclipse. As Figuras 3.18 (a)-(d) contêm três painéis cada. Antes de aplicar a CWT, ajustámos uma linha de regressão linear para cada perfil e esta foi subtraída de cada perfil para remover os componentes indesejados, sendo normalizada para o desvio padrão do mesmo. Isto é mostrado nos painéis inferiores das Figuras 3.18 (a)-(d) com flutuações de temperatura, que são utilizadas para calcular o espetro de potência wavelet. O painel superior apresenta o gráfico de wavelets dos dados, com o código de cores à esquerda. A linha sólida espessa é o cone de influência (COI) do escalograma. Os coeficientes de Wavelet fora deste cone estão sujeitos a efeitos de borda e não são completamente fiáveis. Wavelet power com um nível de confiança de 99% é mostrado pelo contorno contínuo. O gráfico vertical à direita é o espetro de potência global obtido pela média da potência wavelet ao longo de todo o perfil, ou seja, de 0 a 30 km de altura. A linha contínua sólida mostra o nível de confiança de 99%. O espetro de Fourier (FS) também é mostrado para comparação. A comparação entre os espectros de wavelet e de Fourier pode ser encontrada noutro local (Torrence e Compo, 1998 e respectivas referências).

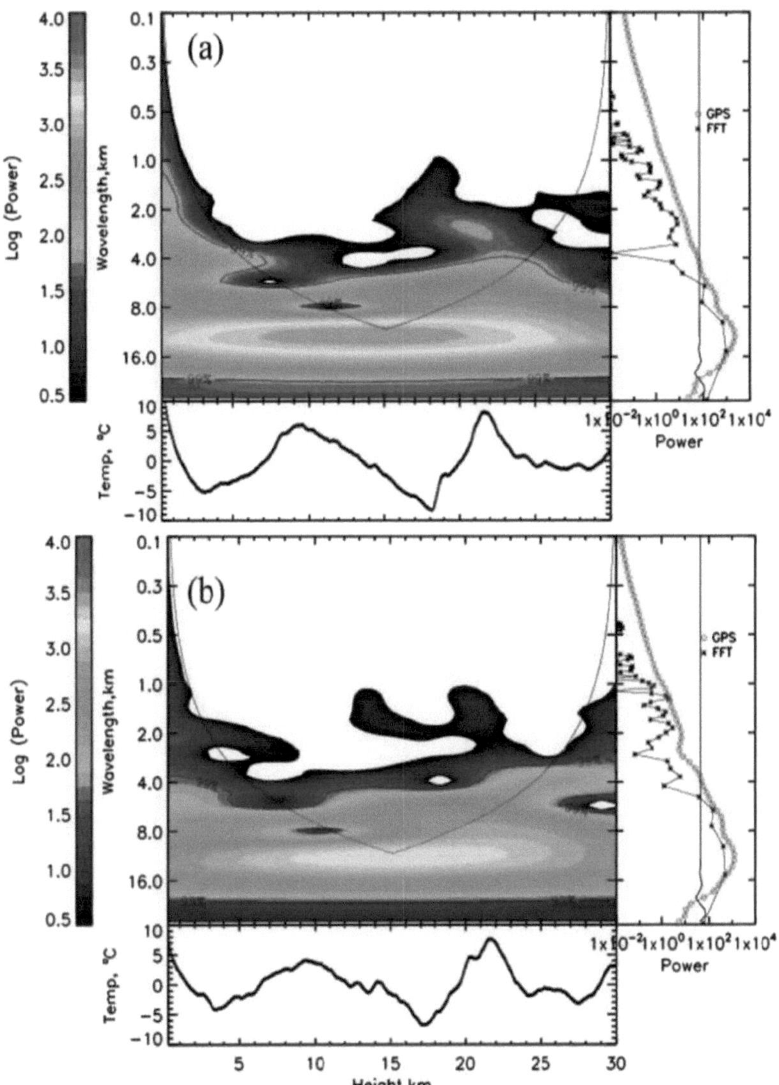

(a)
Log (Power)
4.0
3.5
3.0
2.5
2.0
1.5
1.0
0.5
Wavelength, km
0.1
0.3
0.5
1.0
2.0
4.0
8.0
16.0
GPS
FFT
Temp, °C
10
5
0
-5
-10
1x10⁻² 1x10⁰ 1x10² 1x10⁴
Power
(b)
Log (Power)
4.0
3.5
3.0
2.5
2.0
1.5
1.0
0.5
Wavelength, km
0.1
0.3
0.5
1.0
2.0
4.0
8.0
16.0
GPS
FFT
Temp, °C
10
5
0
-5
-10
1x10⁻² 1x10⁰ 1x10² 1x10⁴
Power
5   10   15   20   25   30
Height, km

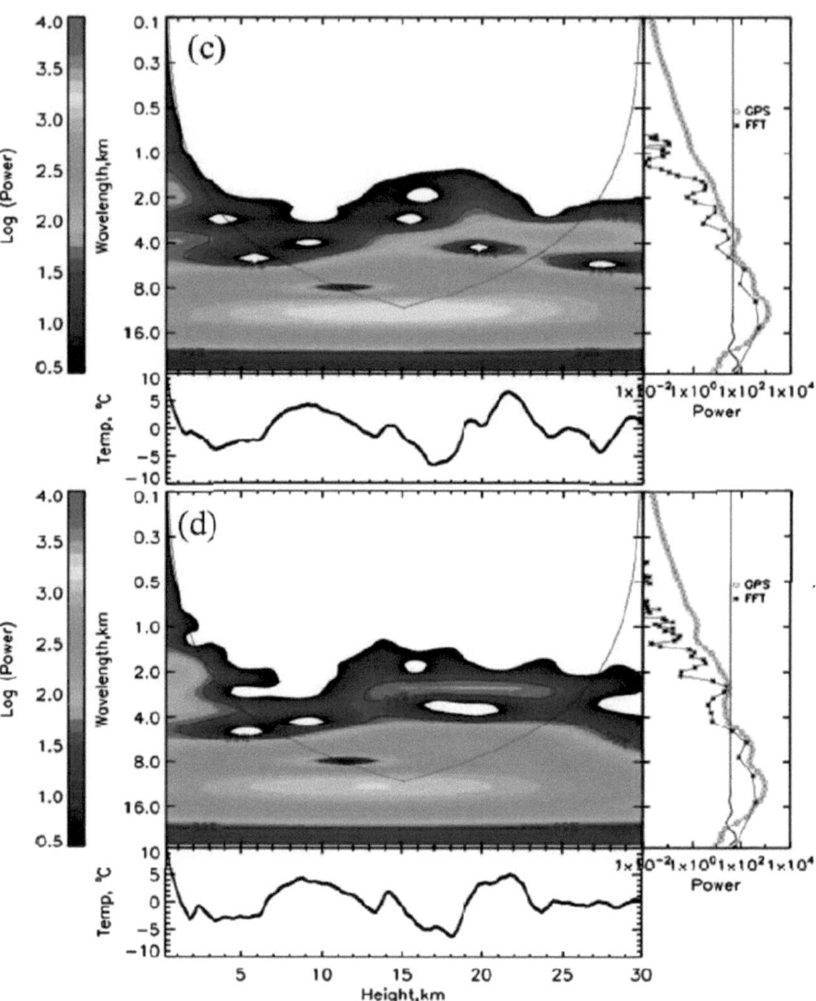

Figura 3.18 Os gráficos wavelet de (a) 11:30 IST no dia de controlo, (b) 08:30 IST, (c) 11:30 IST e (d) 14:30 IST no dia do eclipse. A linha sólida grossa é o COI. Uma potência de wavelet com um nível de **confiança** superior a 99% **contornos** contínuos. O painel horizontal inferior é a série temporal da média mensal (com variações de um sigma) utilizada para calcular o espetro de potência wavelet. O gráfico à direita contém o espetro de potência global de todo o perfil de 0 a 30 km, com nível de confiança de 99% mostrado como linha contínua. O FS também é mostrado por estrelas para **comparação**.

A transformada wavelet pode ser utilizada para analisar séries temporais que contêm potência não estacionária em muitas frequências diferentes (Daubechies, 1990). Para este estudo, foi selecionada a morlet (mother wavelet), uma vez que provou ser adequada para a análise de flutuações atmosféricas (Kumar, 2007). A Figura 3.18(a-d) mostra os espectros da wavelet Morlet do perfil vertical da flutuação da temperatura durante o tempo do eclipse às 11:30 1ST no dia de controlo (14 de janeiro) e às 08:30 1ST, 11:30 1ST e 14:30 1ST no dia do eclipse (15 de janeiro) do evento do eclipse solar anular de 2010. São observadas perturbações de curta escala na troposfera e na estratosfera inferior no perfil do dia do eclipse 11:30 1ST em comparação com o perfil do dia de controlo 11:30 1ST. O aumento da estrutura vertical de comprimento de onda de 5-6 km que se estende para a estratosfera inferior no dia do eclipse é claramente visto em comparação com o dia de controlo. Também se observa um aumento nas amplitudes de 1214 km de comprimento de onda vertical no dia do eclipse. Verifica-se que um comprimento de onda vertical de 6 km está presente na região de 15-32 km de altura. O aumento da amplitude do comprimento de onda vertical de 12-14 km no dia do eclipse também foi observado em comparação com o dia de controlo. Acredita-se que estas estruturas verticais nas flutuações de temperatura são devidas às ondas de gravidade excitadas pelo desequilíbrio termodinâmico na atmosfera induzido pelo eclipse. No entanto, é necessário efetuar observações contínuas dos parâmetros geofísicos para uma melhor caraterização das ondas de gravidade.

3.8 Discussões

As variações temporais dos perfis de temperatura causadas por um eclipse solar num ponto fixo no ar são estudadas utilizando radiossondas GPS com uma resolução de 3 horas. É a primeira vez que se observa toda a evolução dos processos de arrefecimento e aquecimento durante o período do eclipse solar. A partir das observações da sonda GPS, verificámos que a temperatura na estratosfera diminuiu durante a passagem do eclipse solar e que o decréscimo é de cerca de 10^0C. Os nossos resultados estão razoavelmente de acordo com estudos teóricos, modelos e experimentais. Num estudo teórico, ao modelar a sombra do eclipse solar como uma perturbação de arrefecimento tridimensional em movimento associada a um aquecimento reduzido do ozono de ondas curtas, Chimonas (1970) esperava uma taxa de arrefecimento máxima de 12 K dia^{-1} na estratosfera. No entanto, utilizando o modelo de previsão meteorológica numérica global de última geração NOGAPS-ALPHA [versão de alta altitude da física de nível avançado (ALPHA) do Sistema de Previsão Atmosférica Global Operacional da Marinha (NOGAPS), EUA], Eckermann et al., (2007) obtiveram um máximo de 27 K dia^{-1} nas alturas estratosféricas (~45 km) e ~ 4 K na temperatura da superfície para o evento do eclipse solar de 4 de dezembro de 2002 que ocorreu sobre o Oceano Austral, estendendo-se entre a África e a Austrália. Anderson et al., (1972) observaram um arrefecimento máximo de 3°C na baixa atmosfera sobre a Flórida ligeiramente após a totalidade do eclipse solar de 7 de março de 1970 e Gerasopoulos et al., (2007) observaram uma queda de temperatura de 2,3-3,9°C sobre a Grécia durante o período do eclipse solar de 29 de março de 2006. Wang e Liu, (2010) observaram um arrefecimento médio de cerca de 2°C na troposfera e um aquecimento de cerca de 7°C na estratosfera, com um pico perto de 17 km durante o período do eclipse solar de 22 de julho de 2009 sobre a região tropical do norte no sector ocidental do Pacífico. Associaram o aquecimento da estratosfera ao movimento adiabático descendente da estratosfera inferior devido à contração da troposfera arrefecida induzida pelo eclipse solar.

À medida que a fase máxima se aproxima, nota-se um processo de arrefecimento muito eficiente desde a superfície até cerca de 30 km de altitude . Os decréscimos de temperatura na estratosfera são muito maiores do que os decréscimos na troposfera. Por outro lado, foi observado um aquecimento significativo na estratosfera 3 horas após o eclipse máximo. Surpreendentemente, o efeito de arrefecimento é detectado na estratosfera inferior. Ratnam et al., (2011) observaram um aquecimento de cerca de 12,5 K perto de 21 km na região tropical indiana logo após o eclipse solar e associaram este aquecimento a um mecanismo semelhante de aquecimento adiabático, tal como explicado por Wang e Liu, (2010)

As perturbações induzidas pelo eclipse podem ser encontradas nos perfis verticais dos ventos zonais e meridionais da superfície a 30 km sobre Kadapa. Os ventos zonais e meridionais mostram mudanças visíveis durante o dia do eclipse. Além disso, os aumentos da velocidade do vento meridional em determinadas alturas estão a desaparecer no eclipse, tal como acontece no dia de controlo. Estas alterações observadas no sistema de ventos são atribuídas ao arrefecimento induzido pelo eclipse e às subsequentes alterações da pressão na estratosfera inferior da troposfera sobre Kadapa. Para observar a magnitude do arrefecimento, comparámos os perfis de temperatura em Kadapa e Thumba durante o período do eclipse. Em ambas as regiões, o perfil de temperatura mostra uma tendência semelhante com arrefecimento na troposfera superior para a estratosfera inferior. No entanto, a quantidade de arrefecimento é maior em Kadapa do que em Thumba. Por outro lado, as perturbações na temperatura são maiores em Thumba.

A altura e a temperatura da CPT podem variar consoante a estação do ano e a sua localização (por exemplo, Seidel e Randel, 2006, Fueglistaler et al., 2008). Das et al. (2008) registaram uma variação diária da altura da CPT de cerca de 1 km, utilizando observações de radar MST sobre latitudes tropicais. A variação na altura da CPT pode ser devida à diminuição da pressão da tropopausa resultante do arrefecimento da estratosfera ou do aquecimento da troposfera e de uma mudança na força dos gases com efeito de estufa (Gettelman et al. 2009). O CPH no eclipse máximo é muito mais baixo do que nos dias de controlo. Sugere-se que a contração da troposfera inferior provoca a descida do CPH. Variações de temperatura semelhantes a ondas com comprimento de onda de cerca de 4-5 km ocorreram às 11:30, quando o eclipse máximo teve lugar na região da estratosfera inferior, que se estendeu à troposfera superior e à estratosfera inferior após o eclipse solar. Estas estruturas ondulatórias podem dever-se à onda de gravidade induzida pelo eclipse solar, que merece ser estudada com mais pormenor. A mudança de temperatura também pode causar mudanças na pressão sobre a região do eclipse. A mudança súbita na pressão estratosférica durante o eclipse solar também pode ser responsável pela geração de ondas de gravidade na estratosfera (Zerefos et al., 2007). Assim, estas variações ao longo da atmosfera média, por sua vez, podem resultar em variações nos ventos neutros e cisalhamentos do vento que, por sua vez, dão origem a flutuações de curta escala.

Capítulo 4

4.1 Resumo dos resultados

O efeito do eclipse solar anular (15 de janeiro de 2010) nos parâmetros atmosféricos é estudado sobre Kadapa, uma região semi-árida da Índia, durante 12 a 17 de janeiro de 2010, utilizando a temperatura e as velocidades horizontais do vento medidas por 10 radiossondas baseadas em GPS no Capítulo III. O arrefecimento distinto em toda a gama de alturas é observado desde o solo até 30 km de altura durante a fase máxima do eclipse. Nas alturas mais baixas, até 15 km, o arrefecimento é de apenas alguns graus centígrados e depois aumenta gradualmente até atingir o arrefecimento máximo de - 12^0C à altura de 30 km. Esta diferença de temperatura distinta devido ao efeito do eclipse solar é semelhante à diferença de temperatura diurna. Observações meteorológicas sensíveis e de alta resolução revelaram efeitos atmosféricos dinâmicos apesar da presença de nuvens. As alterações a curto prazo relacionadas com o eclipse predominaram sobre a temperatura, a velocidade e a direção do vento associadas às condições sinópticas. A altura da temperatura do ponto frio (CPT) e o seu valor diminuíram durante a fase máxima do eclipse solar anular. Observou-se uma diminuição da temperatura da troposfera e da estratosfera inferior durante o eclipse solar. A quantidade de arrefecimento é maior em Kadapa do que a observada em Thumba, Trivandrum. Uma forte inversão de temperatura é observada no dia do eclipse. Observa-se uma pequena oscilação das ondas durante a fase máxima do eclipse solar na faixa de altura de 17-22 km em comparação com o dia do eclipse e com o dia de controlo. As velocidades do vento zonal e meridional mostram um aumento significativo a 13 km, uma vez que a inversão de temperatura é observada na mesma altura durante o eclipse solar. O eclipse solar anular não só influenciou a temperatura atmosférica como também influenciou significativamente as circulações do vento em grande escala.

4.2 Âmbito do trabalho futuro

1. Para quantificar a alteração da convecção durante os eclipses, serão utilizados dados de estações meteorológicas e o modelo Weather Research Forecasting (WRF).

2. Será feito um estudo pormenorizado das ondas de gravidade geradas pelo eclipse solar devido à topografia, à atividade convectiva e frontal, ao cisalhamento do vento e ao ajustamento geostrófico, enquanto que a maiores alturas as suas fontes incluem interações não lineares onda-onda, correntes aurorais, arrastamento iónico e aquecimento Joule.

3. Serão efectuadas investigações sobre a atividade das ondas de gravidade na estratosfera e na ionosfera durante os eclipses solares.

Referências

Agarwal, P.D., K.V. Janardhanan, B.V. Krishna Murthy, P.K. Kunhi Krishnan, P.R. Madhava anicker, C. Raghava Redyy, C.A. Reddy, K. Sen Gupta, V.V. Somayajulu e K.S.V. Subbrao, 1980: Atmospheric Effects During Solar Eclipse Feb 16, 1980, SPD-SR-09- 80.

Anderson, J., 1999: Meteorological changes during a solar eclipse, Weather, 54 (7), 207-215.

Anderson, R. C., D. R. Keefer, e O. E. Myers, 1972: Atmospheric pressure and temperature changes during the 7 March, 1970 solar eclipse, J. Atmos. Sci., 29, 583-587.

Antonia, R.A., A.J. Chambers, D. Phong-Anant, S. Rajagopalan, e K.R. Sreenivasan, 1979: Resposta da turbulência da camada superficial atmosférica a um eclipse solar parcial, J. Geophys. Res., 4, 1689-1692.

Appu, K.S., K.S. Santhikumar, R. Padmanabha Pillai e V. Narayanan, 1997: Results of October 24, 1995 Solar Eclipse Balloon Experiment from Thumba, Kodiakanal Obs. Bull, 13, 155- 159.

Atticks, M. G., and G. D. Robinson, 1983: Some features of the structure of the tropical tropopause, *Q. J. R. Meteorol. Soc.,* 109, 295- 308.

Ballard, H.N., V. Valenzuela, M. Izquierdo, J.S. Randhawa, R. Morla, e J.F Bettle, 1969: Solar eclipse: temperature, wind, and ozone in the stratosphere, J. Geophys. Res., 74, 711-712.

Baray, J. L.,G. Ancellet, F. G. Taupin, M. Bessafi, S. Baldy, and P. Keckhut, 1998a: Subtropical tropopause break as a possible stratospheric source of ozone in the tropical troposphere, J. Atmos. Sol. Terr. Phys., 60, 27-36.

Chimonas, G., 1970: Movimentos internos de ondas de gravidade induzidos na atmosfera terrestre por um eclipse solar, J. Geophys. Res., 75, 5545-5551

Chimonas, G., e C. O. Hines, 1970: Atmospheric gravity waves induced by a solar eclipse, J. Geophys. Res., 1970, **75**, 857-875.

Chimonas, G., e C. O. Hines, 1971: Atmospheric gravity waves induced by a solar eclipse 2, J. Geophys. Res., 76, 7003-7005.

Daubechies, I., 1990: As transformadas wavelet localização tempo-frequência e análise de sinais, IEEE Trans. Inf. Theory, 36, 961-1004.

Dolas, P.M., R. Ramchandra, K. Sen Gupta, S.M. Patil, e P.N. Jadhav, 2002: Atmospheric surface-layer processes during the total solar eclipse of 11 August, 1999, BoundaryLayer Meteorol, 104, 445-461.

Dutta, G., M.N. Joshi, N. Pandarinath, B. Bapiraju, S. Srinivasan, J.V. Subba Rao, e H. Aleem Basha,

1999: Wind and temperature over Hyderabad during the eclipse of 24 Oct.1995, Indian J. Radio Space Physics, 28, 11-14.

Dutta, G., P. VinayKumar, M. VenkatRatnam, M. C. SalauddinMohammad, AjayKumar, P. V. Rao, K. Rahaman e H. A. Basha, 2011: Response of tropical lower atmosphere to annular solar eclipse of 15 January, 2010, J Atmos Sol-Terr Phys., 73, 1907-1914.

Eaton, F.D., J.R. Hines, W.H. Hatch, R.M. Cionco, J. Byers, D. Garvey, e D.R. Miller, 1997: Solar eclipse effects observed in the planetary boundary layer over a desert, Boundary-Layer Meteorol, 83, 331-346.

Eckermann, S. D., D. Broutman, M. T. Stollberg, J. Ma, J. P. McCormack, e T. F. Hogan, 2007: Atmospheric effects of the total solar eclipse of 4 December 2002 simulated with a high-altitude global model, J. Geophys. Res.,112, D14105, doi:10.1029/2006JD007880.

Eliot, J., 1900: Observations during the Solar Eclipse, Mon. Weather Rev., 10, 449-450.

Espenak, F., e J. Anderson, 2008: Eclipse solar anular de 15 de janeiro de 2010, NASA Tech. Pap., NASA/TP-2008-214169

Farge, M., 1992: Wavelet transforms and their applications to turbulence, Annu. Rev. Fluid Mech, 24, 395-457.

Fernandez, W., H. Hidalgo, G. Coronel, e E. Morales, 1996: Mudanças nas variáveis meteorológicas em Coronel Oviedo, Paraguai, durante o eclipse solar total de 3 de novembro de 1994, Terra, Lua e Planetas, 74, 49-59.

Fernandez, W., V. Castro, e H. Hidalgo, 1993: Temperatura do ar e mudanças de vento na Costa Rica durante o eclipse solar total de 11 de julho de 1991, Terra, Lua e Planetas, 63, 133147.

Founda, D., D. Melas, S. Lykoudis, I. Lisaridis, E. Gerasopoulos, G. Kouvarakis, M. Petrakis e C. Zerefos, 2007: The effect of total solar eclipse of 29 March 2006 on meteorological variables in Greece, Atmos. Chem. Phys. Discuss., 7, 10631-10667.

Frederick, J. E., e A. R. Douglass, 1983: Temperaturas atmosféricas perto da tropopausa tropical: Variações temporais, assimetria zonal e implicações para o vapor de água estratosférico, Mon. Wea Rev., 111, 1397-1401.

Fueglistaler, S., A. E. Dessler, T. J. Dunkerton, I. Folkins, Q. Fu, e P. W. Mote, 2008: Tropical tropopause layer, *Rev. Geophys,* 47, RG1004, doi:10.1029/2008RG000267.

Gerasopoulos, E., C. S. Zerefos, I. Tsagouri, D. Founda, V. Amiridis, A. F. Bais, A. Belehaki, N. Christou, G. Economou, M. Kanakidou, A. Karamanos, M. Petrakis e P. Zanis, 2007: O eclipse solar total de março de 2006: Overview, Atmos. Chem. Phys., 7, 52055220.

Gettelman, A., e P. M. de F. Forster, 2002: A climatology of the tropical tropopause layer, J. Meteorol. Soc. Jpn., *80*, 911-942.

Gettelman, A., T. Birner, V. Eyring, H. Akiyoshi, S. Bekki, C. Br'uhl, M. Dameris, D. E. Kinnison, F. Lefevre, F. Lott, E. Mancini, G. Pitari, D. A. Plummer, E. Rozanov, K. Shibata, A. Stenke, H. Struthers e W. Tian, 2009: The Tropical Tropopause Layer 1960-2100, Atmos. Chem. Phys., 9, 1621-1637, doi:10.5194/acp-9-1621-2009.

Gross, P., e A. Hense, 1999: Effects of a total solar eclipse on the mesoscale atmospheric circulation over Europe - A model experiment, Meteorol. Atmos. Phys., 71, 229-242.

Hanna, E., 2000: Meteorological effects of the solar eclipse of 11 August 1999, Weather, 55, 430-446.

Highwood, E., e B. Hoskins, 1998: A tropopausa tropical, *Q. J. R. Meteorol. Soc.,* 124,601, 1579-1604.

Holton, J.R, P.H. Haynes, M.E. McIntyre, A.R. Douglass, R.B. Rood, e L. Pfister, 1995: Stratosphere-troposphere exchange, Rev. Geophys. Space Phys., 33, 403-439.

Kleinman, L., Y. Lee, S.T. Springston, L. Nunnermacker, X. Zhou, R. Brown, K. hillock, P. Klotz, D. Leahy, J.H. Lee, e L. Newman, 1994: Formação de ozono num local rural na

Kolarz, P., J. Sekaric, C. B. P.Marinkovi, e D.M. Filipovi, 2005: Correlação entre alguns dos parâmetros meteorológicos medidos durante o eclipse solar parcial, 11 de agosto de 1999, J. Atmos. Sol. Terr. Phys., 67, 1357-1364.

Krishnamurti, T. N., 1971: Tropical east-west circulation during the northern summer, J. Atmos. Sci., 28 (1971) 1342.

Krishnamurti, T. N., M. Kanamitsu, W. J. Koss, e J.D. Lee, 1973: Tropical east-west circulations during the northern winter, J. Atmos. Sci., 30, 780-787.

Krishnan, P., P. K. Kunhikrishnan, S.M. Nair, S. Ravindran, R. Ramachandran, D.B. Subrahamanyam, e M.V. Ramana, 2004: Observações dos parâmetros da camada superficial da atmosfera numa região semiárida durante o eclipse solar de 11 de agosto de 1999, Proc. Indian Acad. Sci., (Earth Planet. Sci.), 113, 3, 353 - 363.

Krumov, A. H., e D. D. Krezhova, 2008: Imaging of the total solar eclipse on March 29, 2006, J. Atmos. Sol. Terr. Phys., 70, 407- 413.

Kumar, K. K., 2007: Investigações de radar VHF sobre o papel do efeito de oscilador mecânico na excitação de ondas de gravidade geradas por convecção, Geophys. Res. Lett., 34, L01803, doi:10.1029/2006GL027404.

Kumar, K. K., K. V. Subrahmanyam, e S. R. John, 2011: New insights into the stratospheric and mesosphere-lower thermospheric ozone response to the abrupt changes in solar forcing, Ann. Geophys, 29, 1093-1099,.doi:10.5194/angeo-29-1093-2011.

Mote, P. W., K. H. Rosenlof, M. E. McIntyre, E. S. Carr, J. C. Gille, J. R. Holton, J. S. Kinnersley e H. C. Pumphrey, 1996: An atmospheric tape recorder: The imprint.

Muraleedharan, P.M., P.G. Nisha, e K. Mohankumar, 2011: Effect of January 15, 2010 annular eclipse on meteorological parameters over Goa, India. J. Atmos. Solar-Terr. Phys., 73, 1988-1998.

Nair, P.R., D. Chand, S. Lal, M. Naja, K. Parameswaran, S. Ravindran, S. Venkataramani, 2002: Temporal variations in surface ozone at Thumba (8.6^0N, 77^0E)- a tropical coastal site in India, Atmos. Environ., 36, 603-610.

Naja, M., e S. Lal, 1996: Changes in Surface ozone amount and its diurnal and seasonal patterns, from 1954-1955 to 1991-1993, measured at Ahmedabad (23^0N), India, GeoPhys. Res. Lett., 23, 81-84.

Naja, M., e S. Lal, 2002: Surface Ozone and Precursor gases at Gadanki (13.5^0N, 79.2^0E), a tropical rural site in India, J. Geophys. Res., 107, dio: 10.1029/2001 JD000357.

Niranjan, K., S. Thulasiraman, e Y. Sreenivasa Reddy, 1997: Indicação da diminuição do ozono atmosférico nas alterações do fluxo solar UV-B durante o eclipse solar de Toatl de 24 de outubro de 1995, TAO, 8, 239- 246.

Nymphas, E. F., M. O. Adeniyi, M. A. Ayoola, e E. O. Oladiran, 2009: Micrometeorological measurements in Nigeria during the total solar eclipse of 29 March, 2006, J. Atmos. Solar. Terr. Phys., 71, 1245-1253.

Oltmans, S. J., and H. Levy II, 1994: Surface ozone measurements from a global network, Atmos. Environ., 28, 9-24.

Prenosil, T., 2000: The influence of the 11 August 1999 total solar eclipse on the weather over central Europe, Meteorol. Z. 9, 351-359.

Randel, W. J., F. Wu, and D. J. Gaffen, 2000: Interannual variability of the tropical tropopause derived from radiosonde data and NCEP reanalyses, J. Geophys. Res., 105(D12), 15,509- 15, 523.

Randhawa, J. S., B. H. Williams, e M. D. Kays, 1970: Meteorological influence of a solar eclipse on the stratosphere, Relatório Técnico ECOM- 5345.

Ratnam, M.V., M. Shravan Kumar, S.G. Basha, V.K. Anandan, e A. Jayaraman, 2010: Effect of the annular solar eclipse of 15 January 2010 on the lower atmospheric boundary layer over a tropical rural station, J. Atmos. Sol. Terr. Phys., 72, 271-278.

Ratnam, M.V., S.G. Basha, M. Roja Raman, S. Mehta, B.V.K. Murthy, e A. Jayaraman, 2011: Aumento invulgar da temperatura e da distribuição vertical do ozono na estratosfera inferior observada em Gadanki, Índia, após o eclipse anular de 15 de janeiro de 2010, J. Geophys. Res., 38, L02803.

Russell III, J. M., M. G. Mlynczak, L. L. Gordley, J. Tansock, e R. Esplin, 1999: Uma visão geral da experiência SABER e resultados preliminares de calibração. *Proc. SPIE Int. Soc. Opt. Eng.*, 3756, 277-288.

Seidel, D. J., e W. J. Randel, 2006: Variability and trends in the global tropopause estimated from radiosonde data, J. Geophys. Res., 111, D21101, doi:10.1029/2006JD007363.

Sharma, S. K., T. K. Mandal, B. C. Arya, M. Saxena, D. K. Shukla, A. Mukherjee, R. P. Bhatnagar, S. Nath, S. Yadav, R. Gautam e T. Saud, 2010: Effects of solar eclipse on 15 January 2010 on the surface O3, NO, NO2, NH3, CO mixing ratio and the meteorological parameters at Thiruvanathapuram, India, Ann. Geophys., 28, 11991205, doi:10.5194/angeo-28-1199- 2010.

Singh, L., T.R. Tyagi, Y.V. Somayajulu, P. N. Vijayakumar, R.S. Dabas, B. Loganadham, S. Ramakrishna, P. V. S. Rama Rao, A. Dasgupta, G. Naneeth, J.A. Klobuchar, e G. K. Hartmann, 1989: A multi-station satellite radio beacon study of ionospheric variation during solar eclipses, J Atmos Sol.Terr. Phys., 51, 271-278.

Sorensen, J. H., and N. W. Nielsen, 2001: Intrusion of stratospheric ozone to the free troposphere through tropopause folds-A case study, *Phys. Chem. Earth (B)*, 26, 801-806.

Stoev, A., P. Stoeva, D. Valev, N. Kiskinova, e T. Tasheva, 2005: Dinâmica dos parâmetros microclimáticos da camada atmosférica terrestre durante o eclipse solar total de 11 de agosto de 1999, Geophys. Res. Abstr., 7, 10209.

Subrahmanyam, K.V., G. Ramkumar, K.K. Kumar, D. Swain, S.V. SunilKumar, S.S. Das, R.K. Choudhary, K.V.S. Namboodiri, K.N. Uma, S.B. Veena, e A. Babu, 2011: Temperature perturbations in the troposphere-stratosphere over Thumba (8.5⁰N, 76.9⁰E) during the solar eclipse 2009/2010, Ann. Geophys., 29, 275-282, http://dx.doi.org/10.5194/angeo-29-275, (2011).

Szalowski, K., 2002: The effect of the solar eclipse on the air temperature near the ground, J. Atmos. Sol. Terr. Phys., 64, 1589-1600.

Torrence, C., e G. P. Compo, 1998: A practical guide to wavelet analysis, Bull. Am. Meteorol. Soc., 79, 61- 78.

Tzanis, C., C. Varotsos, e L. Viras 2008: Impactos do eclipse solar de 29 de março de 2006 na concentração de ozono à superfície, na radiação solar ultravioleta e nos parâmetros meteorológicos em Atenas, Grécia, Atmos. Chem. Phys., 8, 425-430, doi:10.5194/acp-8- 425-2008.

Vogel, B., M. Baldauf, e F. Fiedler, 2001: The influence of a solar eclipse on temperature and wind in the Upper-Rhine Valley - A numerical case study, Meteorol. Z., 10, 207-214.

Wang, K.-Y., e C.-H. Liu, 2010: Perfis de respostas de temperatura ao eclipse solar total de 22 de julho de 2009 da constelação FORMOSAT-3/COSMIC, Geophys. Res. Lett., 37, L01804, doi:10.1029/2009GL040968.

Zanis, P., C. S. Zerefos, S. Gilge, D. Melas, D. Balis, I. Ziomas, E. Gerasopoulos, P. Tzoumaka, U. Kaminski, e W. Fricke, 2001: Comparação das concentrações de ozono de superfície medidas e modeladas em dois locais diferentes na Europa durante o eclipse solar de 11 de agosto de 1999, Atmos. Environ., 35, 4663-4673.

Zerefos, C. S., D. S. Balis, P. Zanis, C. Meleti, A. F. Bais, K. Tourpali, D. Melas, I. Ziomas, E. Galani, K. Kourtidis, A. Papayannis, e Z. Gogosheva, 2001: Changes in surface UV solar irradiance and ozone over the Balkans during the eclipse of August 11, 1999, Adv. Space Res., 27, 1955-1963.

Zerefos, C.S., E. Gerasopoulos, I. Tsagouri, B.E. Psiloglou, A. Belehaki, T. Herekakis, A. Bais, S. Kazadzis, C. Eleftheratos, N. Kalivitis, e N. Mihalopoulos, 2007: Evidence of gravity waves into the atmosphere during the March 2006 total solar eclipse, Atmos. Chem. Phys., 7, 4943-4951.

Zerefos, C.S., E. Gerasopoulos, I. Tsagouri, B.E. Psiloglou, A. Belehaki, T. Herekakis, A. Bais, S. Kazadzis, C. Eleftheratos, N. Kalivitis, e N. Mihalopoulos, 2007: Evidence of gravity waves into the atmosphere during the March 2006 total solar eclipse, Atmos. Chem. Phys., 7, 4943-4951.

I want morebooks!

Buy your books fast and straightforward online - at one of world's fastest growing online book stores! Environmentally sound due to Print-on-Demand technologies.

Buy your books online at
www.morebooks.shop

Compre os seus livros mais rápido e diretamente na internet, em uma das livrarias on-line com o maior crescimento no mundo! Produção que protege o meio ambiente através das tecnologias de impressão sob demanda.

Compre os seus livros on-line em
www.morebooks.shop

Printed by Books on Demand GmbH, Norderstedt / Germany